顧客關係管理

創造關係價值

第3版

3rd Edition

Customer **R**elationship **M**anagement

Create Relationship Value

楊浩偉・蔡清德・胡政源——編著

序言

　　本書《顧客關係管理－創造關係價值》（第三版）共分十二章，第一章－顧客關係管理的內涵；第二章－顧客關係行為；第三章－顧客行銷策略；第四章－顧客權益考量；第五章－顧客品牌管理；第六章－顧客忠誠度；第七章－顧客服務品質；第八章－顧客滿意度；第九章－企業關係行銷；第十章—電子商務行銷—建立顧客資料庫；第十一章—顧客價值創造；第十二章－顧客抱怨處理。

　　本書之撰述有幾點獨特之處，謹此就教學先進及顧客關係管理(CRM)研究學者：

第一：　本書《顧客關係管理－創造關係價值》（第三版）　(CRM-Customer Relationship Management-Create Relationship Value）之撰述為關聯或聯繫導向，Relationship 一詞多年來已被翻譯成關係，已占用華人文化真正之關係(Guanxi)用詞，作者嘗試將 Relationship 一詞翻譯成關聯或聯繫，因此才能呈現 Relationship 一詞之本質，並與華人文化中真正之關係(Guanxi)用詞進行區辨。但是如此，CRM-Customer Relationship Management 則必須翻譯成顧客關聯或顧客聯繫管理，與約定成俗之顧客關係管理名詞不同，非個人能力所及，只待先進及顧客關係管理(CRM)研究學者思考或領導成俗。由此追憶起先師楊必立教授將早期市場學(Marketing)翻譯成行銷學(Marketing)，由此行銷(Marketing)一詞開始真正道出 Marketing 之本質與意涵，後學者跟隨約定成俗；楊師必立教授開創行銷風氣之先，甚為感佩。

第二：　顧客關係管理應用範圍廣泛，可以是 B to B，第九章－企業關係行銷即是；也可以是 B to C；若是 B to C 應用領域，消費者（顧客）與品牌（產品或服務、公司或企業）的關係管理，就成為顧客關係管理必須處理的核心議題。第五章－顧客品牌管理與第十二章－顧客抱怨處理，就是闡釋消費者（顧客）與品牌（產品或服務、公司或企業）的顧客關係管理議題。

第三： 由於資訊科技的快速發展，顧客關係管理(CRM)的應用也產生變化，CRM甚至於成為電腦軟體之代名詞，顧客關係管理(CRM)也有成為資訊管理科系的必修及專用課程之趨勢。本書《顧客關係管理－創造關係價值》（第三版）是為企業管理科系的顧客關係管理(CRM)課程而撰述的，故對於資訊科技或電腦軟體的顧客關係管理(CRM)之資訊管理焦點，是另外一種不同的策略及哲學觀點，本書《顧客關係管理－創造關係價值》（第三版）強調的是顧客關係管理的本質，亦即創造關係價值，是關係行銷(Relationship Marketing)為核心的觀點。

第四： 為使《顧客關係管理－創造關係價值》中理論更能貼近生活應用，本書改版特別增修五個企業個案，分別為：大山北月、迴游吧、田野勤學、里山十二食與丸順農業科技等。期望借鏡不同企業與客戶關係建立之方法，讓讀者了解企業經營客戶的實務經驗，進一步在個案中學習到企業與客戶互動的方案策略及不同企業經營品牌成功的祕訣。

　　《顧客關係管理－創造關係價值》（第三版）一書之完成，首先必須感謝顧客關係管理學養與實務俱佳的楊浩偉老師及蔡清德老師，協助將此教材以最簡潔的內容描述顧客關係管理所需之專業概念，搭配活潑的簡報教材，讓學習更融入教材情境中。相信透過簡報與授課老師的經驗分享，可以讓學子們更了解顧客服務對企業發展之重要。另一方面，也對多年來協助本人出版的新文京開發出版股份有限公司致上謝意。

編著者　*胡政源*　謹識

PREFACE

　　很榮幸再次配合胡政源教授進行教材編撰，顧客關係管理(CRM)是一種用於管理公司與客戶和潛在客戶的所有關係和互動的技術。目標很簡單：改善業務關係。CRM 系統可幫助公司與客戶保持聯繫，簡化流程並提高盈利能力。人們談論 CRM 時，通常指的是 CRM 系統，這是一種有助於聯繫管理、銷售管理、生產力等的工具。CRM 解決方案可幫助您在整個生命週期中專注於組織與個人（包括：客戶、服務用戶、同事或供應商）的關係，包括尋找新客戶，贏得他們的業務以及在整個關係中提供支持和其他服務。

　　CRM 系統為每個人（包括：銷售、客戶服務、業務發展、招聘、市場營銷或任何其他業務部門）提供了一種更好的方法來管理推動成功的外部互動和關係。CRM 工具使您可以在一個雲端位置存儲客戶和潛在客戶的聯繫信息、識別銷售機會、記錄服務問題以及管理市場營銷活動，並使公司中任何需要它的人都能獲得有關每個客戶交互的信息。通過可見性和對數據的輕鬆訪問，可以更輕鬆地協作並提高生產率。公司中的每個人都可以看到與客戶的溝通方式、購買的商品、上次購買的時間、付款的內容等等。CRM 可以幫助各種規模的公司推動業務增長，這對於小型企業尤其有利，因為小型企業經常需要團隊尋求以更少的錢做更多的事情。

　　CRM 是一門幫助企業與客戶建立關係，進而建立忠誠度和保留客戶。由於客戶忠誠度和收入都是影響公司收入的素質，因此 CRM 是一種管理策略，可以提高企業的利潤。本書彙整了作者過去曾在政府機關審審查計畫案與中小企業診斷的實務經驗，並有自己留美的國外經歷，再整合近十年在朝陽科技大學的教學、企業實務輔導等經驗，依有系統性、邏輯性、組織性的整合呈現給讀者。

編著者　楊浩偉　謹識

💬 PREFACE

　　「顧客關係管理」在資訊快速的商業環境中，是影響商業成交與理念認同的關鍵，更是突顯互動的細微關係，因此本次配合胡政源教授與楊浩偉教授，以優質的個案介紹後再將其關鍵重點說明，減少過去教科書過多文獻的探討，讓授課老師與讀者可以直接由臺灣新品牌個案中找到企業發展策略與顧客互動關係關鍵學習。

　　特別感謝書籍中個案的資訊提供：大北山月、勝政日式豬排（慕里諾餐飲集團）、洄遊吧、全家便利商店、臺灣楓康超市、田野勤學、良作工場（究好豬）、里山十二食、丸順農產（列名廠商依書籍編寫章節排序），因有第一線的優質伙伴，才能有良好友善的商業消費環境，進而引導出完整的顧客互動策略。

　　本書內容引入諸多概念，特別感謝在臺灣大學研讀時期，陳保基特聘教授、盧虎生教授、雷立芬教授、孫立群教授、徐世勳教授、張宏浩教授給予企業經營道德與消費權益維護之核心價值養成，同時要感謝於中興大學行銷系進修期間蔡明志特聘教授、蕭仁傑教授、吳志文教授不時提攜鼓勵，更要感謝農業部陳吉仲前部長鼓勵得以保持學習動力與調整思維方式。

　　協同編撰者本身從事行銷企劃與營運管理，深知所有企業發展基礎都需建立在顧客支持下才得以發展，因此，有一群支持企業的顧客，便可在品牌發展面如虎添翼，意即當掌握顧客需求並滿足顧客期盼，就有機會等到品牌順利開花結果。然而，言之容易、行之困難，唯有時時檢視企業是否能傾聽顧客真實的聲音，不與顧客的需求背道而馳，讓「顧客關係管理」不只是教學上的名詞而是動詞，才能有所提升與獲得！

編著者　蔡清德　謹識

編著者簡介 ▶ 楊浩偉

 AUTHORS

學歷 | 美國雅格斯大學舊金山灣區分校國際行銷博士

現職 | 朝陽科技大學行銷與流通管理系副教授

經歷 | Secretary of Alumni Service and Career Development Affairs at Chaoyang University of Technology

Host of 2022 Taiwan-Malaysia Retail Industry Cooperation and Exchange Conference

Year 2020 Visiting Research Scholar of Dominican University of California.

Year 2019 Visiting Research Scholar of Dominican University of California.

Technical Committee/Reviewer at 2021 The 11th International Conference on Business and Economics Research (ICBER 2021)

Technical Committee Member and Reviewer in 2021 5th International Conference on E-Education, E-Business and E-Technology (ICEBT 2021)

Technical Committee Member and Reviewer at the 2021 7th International Conference on E-business and Mobile Commerce (ICEMC 2021)

Technical Committee Member and Reviewer at 2021 5th International Conference on Information Processing and Control Engineering (ICIPCE 2021)

Session Chair at IEEE International Conference on Social Sciences and Intelligent Management (SSIM 2021)

Technical Committee Member and Reviewer in 2020 the 4th International Conference on E-Business and Internet (ICEBI 2020)

Session Chair at 2020 The 4th International Conference on E-Business and Internet (ICEBI 2020)

Technical Committee Member and Reviewer in 2020 6th International Conference on Culture, Languages and Literature (ICSEB 2020)

Technical Committee Member and Reviewer of 2020 the 4th International Conference on E-Society, E-Education and E-Technology (ICSET 2020)

Technical Committee Member and Reviewer in 2020 the 11th International Conference on E-Education, E-Business, E-Management, and E-Learning (IC4E 2020)

Technical Committee Member and Reviewer in 2019 The 3rd International Conference on E-Business and Internet (ICEBI 2019)

Technical Committee Member and Reviewer in 2019 The 5th International Conference on Industrial and Business Engineering (ICIBE 2019)

Technical Committee Member and Reviewer in 2019 The 3rd International Conference on E-Society, E-Education and E-Technology (ICSET 2019)

Technical Committee Member and Reviewer in The International Conference on E-Business and Internet (ICEBI 2018)

Technical Committee Member and Reviewer in 2018 The 2nd International Conference on E-Society, E-Education and E-Technology (ICSET 2018)

彰化縣 110 年度社區產業提升暨體驗點串點規劃計畫輔導顧問

彰化縣 110 年度青年創意好點子輔導及育成計畫輔導顧問

110 年度「雲林良品」品牌建構與行銷輔導委託專業服務案計畫主持人

109 年度「雲林良品」品牌建構與行銷輔導委託專業服務案共同主持人

跨境電商平臺規劃計畫主持人

國產豬肉行銷推廣策略規劃計畫主持人

108 年度小型企業人力提升計畫教育訓練授課講師

教育部 107 年度新南向學海築夢暨海外職場體驗計畫計畫主持人

財政部優質酒類認證專家團輔導執行計畫計畫主持人

教育部 106 年度新南向學海築夢暨海外職場體驗計畫計畫主持人

教育部 105 年度新南向學海築夢暨海外職場體驗計畫計畫主持人

教育部 104 年度學海築夢暨海外職場體驗計畫共同主持人

多元就業開發計畫-推動社會企業計畫主持人

8 字形襪底運動襪創新研發輔導計畫(2)計畫主持人

8 字形襪底運動襪創新研發輔導計畫(1)計畫主持人

AUTHORS

帝元食品有限公司創新研發申請輔導計畫計畫主持人

產業升級與服務創新計畫共同主持人

產業升級與服務創新計畫共同主持人

臺中市纜車用地取得法律顧問計畫共同主持人

The standard time to formulate and internet marketing project 共同主持人

103 年度學界協助中小企業科技關懷計畫專案輔導-織襪產業診斷與創新聯盟技術整合輔導專案共同主持人

人力資源提升計畫共同主持人

102 學年度補助大專校院辦理就業學程計畫-物流與行銷企畫就業學程共同主持人

TTQS 訓練品質系統導入計畫計畫主持人

102 年度學界協助中小企業科技關懷計畫專案輔導-導入智慧供應鏈技術提升生產與倉儲作業效率計畫共同主持人

智羽科技品牌創新設計與行銷計畫共同主持人

102 年度產業園區廠商升級轉型再造計畫學校協助產業園區專案輔導計畫-全興工業區產業技術升級、服務創新與人才培育之輔導服務計畫共同主持人

喫茶小舖有限公司社會行銷競賽計畫共同主持人

奕聯企業有限公司─電子商務規劃產學合作案計畫主持人

福興鄉毛巾產業臺灣柔冠有限公司之作業流程分析技術創新與顧客關係管理即時回應機制建構計畫主持人

奇巧調理食品股份有限公司─電子商務規劃產學合作案計畫主持人

AUTHORS

雅方國際企業股份有限公司—電子商務規劃產學合作案計畫主持人

邦寧股份有限公司—電子商務規劃產學合作案計畫主持人

高鋒針織實業（股）公司之技術創新—內部作業流程之改善、多元營銷通路之拓展與自有品牌形象之塑造計畫主持人

奈米吉特國際有限公司—整合行銷規劃產學合作案計畫主持人

奈米吉特國際有限公司之技術創新-自有品牌形象之塑造、網路行銷平臺之建構與多元營銷通路之拓展計畫主持人

怡饗美食股份有限公司之技術創新—改善內部作業流程與建構即時回應機制計畫主持人

農業創新經營組織類型與發展研究-農業創新經營之診斷與輔導共同主持人

臺灣與德國農業經營促進農村活化策略之比較研究共同主持人

拓展國產水果團購新興通路之研究共同主持人

臺灣有機生活協會第三屆顧問

彰化縣政府標案與多年期計畫審查委員

美國 Marin Export & Import Inc.業務顧問

普發工業股份有限公司行銷管理顧問

南投縣數位機會中心輔導計畫輔導師資

奈米吉特國際有限公司行銷顧問

AUTHORS

波菲爾髮型美容公司企業管理顧問

臺中市青年創業協會會務顧問

臺灣有機生活協會第二屆顧問

果子創新股份有限公司經營管理顧問師

臺灣連鎖加盟創業知識協會經營管理顧問師

菓子禮咖啡食品屋經營管理顧問師

糖姬輕食冰品館經營管理顧問師

玩豆風坊公司經營管理顧問師

朝陽科大育成中心進駐廠商「馳寶科技有限公司」專業諮詢與輔導顧問

朝陽科大育成中心進駐廠商「忠勤科技股份有限公司」專業諮詢與輔導顧問

朝陽科大育成中心進駐廠商「明葳科技股份有限公司」專業諮詢與輔導顧問

朝陽科大育成中心進駐廠商「尚星科技有限公司」專業諮詢與輔導顧問

朝陽科大育成中心進駐廠商「育智電腦有限公司」專業諮詢與輔導顧問

朝陽科大育成中心進駐廠商「金匯鑽有限公司」專業諮詢與輔導顧問

朝陽科大育成中心進駐廠商「明葳科技股份有限公司」專業諮詢與輔導顧問

朝陽科大育成中心進駐廠商「浪漫故事國際顧問有限公司」專業諮詢與輔導顧問

AUTHORS

奕聯企業有限公司國外事業部顧問
欣昀生技有限公司國外行銷部顧問
雅方股份有限公司電子商務經營管理顧問師
奇巧股份有限公司電子商務經營管理顧問師
柔冠股份有限公司電子商務經營管理顧問師
天翰創新育成有限公司輔導顧問
移動國際貿易有限公司輔導顧問
騰傲國際顧問有限公司輔導顧問
玉豐海洋科儀股份有限公司輔導顧問
彰化縣秀水鄉馬興社區發展協會指導顧問
臺中市北區賴興社區發展協會顧問
小春餐飲事業股份有限公司企業管理顧問
臺中市企業創新發展協會顧問

編著者簡介 ▶ 蔡清德

 AUTHORS

學歷 ｜ 國立臺灣大學農業經濟研究所碩士

現職 ｜ 臺灣美食技術交流協會祕書長
農產品、食品流通業行銷管理與營運企劃

經歷 ｜ 國立臺中科技大學商設系兼任講師
朝陽科技大學行銷與流通管理系兼任講師
嶺東科技大學企業管理系兼任講師
2018 年經理人雜誌評選百大 MVP 經理人
國家發展委員會（國發會）地方創生專家輔導委員
教育部 109~111 年度大學社會責任實踐計畫(USR)審查委員
行政院農委會水土保持局大專生洄游農村二次方輔導業師
行政院農業委員會百大青農輔導陪伴師
嘉義縣政府國本學堂輔導業師
臺中市政府摘星計畫輔導委員

編著者簡介 ▶ 胡 政 源

 AUTHORS

學歷｜ 國立雲林科技大學管理研究所博士
　　　 國立政治大學企業管理研究所碩士

經歷｜ 嶺東科技大學企業管理研究所暨企業管理系副教授
　　　 嶺東科技大學經營管理研究所所長暨企業管理系主任
　　　 嶺東商專實習就業輔導室主任
　　　 臺灣發展研究院中國大陸研究所副所長
　　　 TTQS 顧問、講師、評核委員
　　　 3C 共通核心職能課程講師

目錄
CONTENTS

Customer Relationship Management:
Create Relationship Value

CHAPTER 08 顧客滿意度
案例分享—良作工場農業文創館

CHAPTER 09 企業關係行銷
案例分享—里山十二食

CHAPTER 10 電子商務行銷—建立顧客資料庫

CHAPTER 11 顧客價值創造
案例分享—丸順農業科技

CHAPTER 12　顧客抱怨處理

顧客關係管理
的內涵

為徹底掌握企業資訊化的成果、有效整合企業的資源、了解顧客的需求、調整經營模式與行銷策略，部分企業已紛紛開始導入顧客關係管理之軟體，希望藉此來改善企業與顧客間之互動關係，掌握顧客之需求。

顧客關係管理(Customer Relationship Management, CRM)的核心概念，在於為顧客創造服務與價值，以贏得顧客長期忠誠度。顧客關係管理乃在創造一種客製化的、一對一的行銷經驗，讓顧客感受到被關心，而基於顧客過去的經驗及反應，讓企業開啟新的行銷機會。

1.1 核心概念

顧客關係管理是一種透過行動和學習，將顧客資訊轉換成顧客關係的一種反覆過程。因此顧客關係管理的運用，使企業得以將不同背景、需求的客戶予以區隔，並針對顧客的個別需求進行一對一行銷，提供客製化服務，以作為更有效的行銷方式。

企業亦可不斷地透過現有銷售狀況與顧客反應的分析，進行預測與修正，擬定確切的行銷策略，辨識真正具有高利潤貢獻度的客戶，設計適切的服務與促銷活動。目前企業的營運程序整合已趨向從內部流程改善跨入顧客端，企業競爭力來自滿足顧客需求並為其創造價值。

CRM 主要目標仍在於即時滿足顧客需求、提高顧客滿意度、與顧客建立長期良好的關係及增加營業利潤，隨著資料倉儲與資料挖掘等知識管理技術的應用，顧客關係規劃漸漸成為 CRM 的核心。

如何透過顧客分析找出客戶的消費行為、忠誠度、潛在消費群與主要關鍵客戶，進而利用促銷管理針對不同市場區隔規劃行銷活動，以達到建立品牌知名度、改變購買行為或維持客戶忠誠度等目的，是企業對 CRM 的期許。

顧客關係管理之範圍涉及甚廣，包括電子化服務、電話服務中心、資料採礦等均屬顧客關係管理之一環，其中以資料採礦雖最為大眾所熟知，然而對其應用方式也較其他電子商務軟體陌生。

導入資料採礦所費不貲，許多企業對其所能引動企業營運產生之正面效果仍持保留態度，如果企業已導入企業資源規劃、供應鏈管理及部分顧客關係管理等應用軟體，其所能提供企業之報表及分析報告，管理階層需耗費相當大的時間及人力資源進行分析，因此，對於安裝另外一套新的軟體來進行顧客資料分析之效益存疑；

還有許多企業對自身營運分析相當自信，認為對顧客的需求與特性已瞭若指掌，並無需藉由其他軟體來對顧客群進行分析。

商業軟體導入需要大量人力資源與金錢之投資，且過度的投資往往容易造成企業財務之困難，大多數中小企業都謹慎從之，況且無論何種應用軟體，均無法完全取代傳統企業與顧客間長期以來所建立之互動的商務關係。然而由於電子商務之興起，顧客利用各種不同的管道如電話（行動電話）、傳真、網路通訊軟體等大幅增加與企業間之互動機會，而這些互動關係則提供了企業最佳的機會來了解顧客之特性。

資訊科技的進步，提高了顧客資料管理與運用的效益，藉由整合各部門間相異的客戶資料庫，進行資料倉儲與分析。顧客關係管理系統巧妙地運用，可協助企業將不同背景、需求的客戶予以區隔，並針對客戶的個別需求進行一對一行銷，進而提供客製化服務。企業亦可不斷地透過現有銷售狀況與客戶反應的分析，進行市場預測與修正，擬定確切的行銷策略，從而辨識出真正具有高利潤貢獻度的客戶，給予高度關心與積極維護。

1.2 CRM 執行的趨勢分析

一、顧客層面

顧客層面，由於資訊管道不斷增加，消費大眾自然可擁有更多的資訊管道，以及不同的選擇機會。其不再只是單方面接受產品，多樣化的選擇，讓選購顧客對產品服務的要求日益提高。當各廠商競爭激烈到相當程度時，產品價格、服務等各項目的差異都因競爭而壓縮到極小的程度，此時客製化、個人化的產品便更形重要。競爭激烈時，顧客可選擇與比較的空間擴大，無形中便降低了其忠誠度，此現象以網路通路最為明顯。

二、產業層面

產業層面，由於高科技的進步，企業可以利用許多龐大的資料庫處理以及資訊運算，而網際網路的發展，產業的營運範圍隨之擴大，一旦掌握了每個客戶的消費習慣、個人偏好，或是已贏得客戶的信任，則企業亦可以推銷本業之外的商品，將營運領域藉此擴展到不同的業務範圍。從前企業多從企業的角度經營公司策略，但至今消費意識抬頭，產業間高度相互競爭，壓縮了企業的獲利能力，因此如何保持客戶的占有率並發掘價值客戶及顧客忠誠度，即是當前應面對處理之要務。

而企業評估 CRM 的相關因素，包括了提供企業規模與建置費用的關係、建置所需之時程、建置效益評估之標準、完整的顧問服務及最佳建置經驗等五項議題。今日導入 CRM 的主要瓶頸在於：初期導入之效益不明顯，CRM 資訊服務商對於自身產品的各項功能成效又缺乏說服力，使得許多企業心存觀望。而另一方面，若是組織已投入大量的資金及人力於 CRM 中，則會面臨組織文化調整的阻力，及可能缺乏專業行銷分析人力的窘境。

三、企業建立 CRM 流程主要考量因素

1. 企業促銷活動被顧客忽略。

2. 新的客戶產生企業利潤所耗費的成本比現有客戶高出數倍。

3. 提高客戶認同回購比率，企業可創造更高的利潤。

4. 具忠誠度的客戶通常會免費（相對低的成本）為企業作有效的口碑行銷。

5. 被推薦的客戶通常可以購買更多的產品或服務，成為創造企業利潤的客戶。

　　因此，受到完善服務的顧客，成為企業珍惜的資產，當增加顧客忠誠度時：現有產品的銷售增加，亦增加其他產品的交叉購買(Cross-Purchases)，產品所產生的附加服務亦增加其附加價值；除此之外，顧客亦因熟悉服務系統而降低了企業的營運成本，顧客之間的口碑也同時增加其他顧客的購買機率。所以，讓顧客保持顧客忠誠，即是企業重視管理顧客關係的原因。

　　從上述論述而言，企業是否無需浪費過多的行銷成本在開發新客戶上，只需鼓勵忠誠客戶持續消費，便能達成獲利增加的目標？若能維持穩定顧客的忠誠度，那麼即使競爭廠商欲對企業現有的顧客群進行挖掘，則必須投入更大的資本而造成挖掘上的困難。簡而言之，藉由 CRM 的執行，可讓企業了解何種類型的顧客為企業帶來利潤，使得行銷資源得以投注在目標類型的顧客，不至造成資源浪費。因此，一旦了解或掌握企業的目標客戶，便不至於投入過多的人力與物力於尋找客戶；所以可以確認 CRM 可以藉由顧客終生價值的累積，來幫助企業達成長期獲利。

1.3 顧客關係管理之定義

　　目前是「顧客經濟」時代，有效管理的 CRM 將創造企業更高利潤，並藉以避免危機、降低風險、轉挑戰為機會。在以滿足顧客需求為競爭的關鍵時代，良好的 CRM 將是企業豐收的重要關鍵；而如何提升顧客價值，以創造公司最大利潤，將

是未來企業面臨的最重要課題。CRM 是指企業為了贏取新顧客、鞏固保有既有顧客，以及增進顧客利潤貢獻度，而透過不斷地溝通、了解並影響顧客行為的方法。

CRM 是一種業務流程與資訊技術的整合，以有效地從多面向取得顧客的資訊，並持續利用得自現有顧客與潛在顧客的精確資訊，來預測及回應顧客的需求。它是一種管理的方法，應用資訊技術來整合、建立、暢通與顧客聯繫的管道，經由顧客資料的分析，提供客製化的服務，讓「目標顧客」易於、樂於往來，使成為企業創造價值的參與者。

組織在進行 CRM 活動時，需遵循以顧客為中心的策略性目標，由外而內整合前端系統與後端系統，才能使顧客端的資料被有效運用，轉化為加強顧客關係所需之各式資訊；此一部分涉及企業的整體性考量與企業流程的重塑。在各策略面的各種活動過程，無論是通路的建置與整合、顧客資料的管理與運用、前後端系統的整合，都需藉助大量的資訊科技才能使活動之流程發揮平順聯動的效果。

顧客關係管理在各企業界相當盛行，茲將重要的相關文獻內容表達如下：

表 1-1　顧客關係管理相關重要文獻探討彙總表

學 者	顧客關係管理之相關定義或含義
Peppers and Rogers (1999)	顧客關係管理是企業透過有意義的溝通來了解和影響顧客行為，以達到增加新顧客，防止既有顧客流失、提高顧客忠誠和提高顧客獲利的一種手段。
Kalakota and Robinson (1999)	顧客關係管理是一整合性的架構或企業策略，而不是一個產品。在每次與顧客接觸時，必須有一致、可靠及便利的互動行為建立在合作的基礎上。
Peppard (2000)	所謂顧客關係管理就是善用有關現存顧客和潛在顧客的資訊，根據這些資訊去預測及回應顧客的需要。
Stanley (2000)	顧客關係管理是促使去了解、預期和管理組織目前所擁有的顧客和潛在顧客價值需要的一種策略。顧客關係管理是獲得、維繫和增加有利潤顧客的過程。
Rigby, et al. (2002)	提出認為顧客關係管理的重要性為：獲得正確的顧客、建立正確的價值計畫、設立最佳程序、激勵員工與學習去維持顧客。

除此之外，各學者對顧客關係管理也提出不同的定義：

Brian Spengler(1999)提出，顧客關係管理是利用軟體相關科技的支援，針對銷售、行銷、顧客服務與支援等範疇，自動化與改善企業流程。

Davids(1999)認為，顧客關係管理就是「關係管理」(Relationship Management)、「終身價值行銷」(Life-Time Marketing)、「忠誠行銷」(Loyalty Marketing)。這些策略企圖創造企業與顧客間長期獲利的關係，並發展忠誠關係與創造利潤。

Bhatia(1999)認為，所謂的顧客關係管理是利用軟體與相關科技的支援，針對銷售、行銷、顧客服務與支援等範疇，自動化與改善企業流程。同時顧客關係管理的應用軟體不僅僅在於多重企業功能（銷售、行銷、顧客服務與支援）的協調，同時也整合了與顧客溝通的多重管道－面對面(Face to Face)、電話中心(Call Center)與網際網路(Web)，使得組織可以視情況選用不同顧客所偏好的互動模式。

Kalakota and Robinson(1999)指出，顧客關係管理可視為在運用整合性銷售、行銷與服務策略下，所發展出組織的一致性行動。即在企業結合流程與科技的整合之下，找出顧客的真正需求，同時要求企業內部在產品與服務上力求改進，以致力於顧客滿意與顧客忠誠度的提升。

Linoff(1999)認為客戶關係管理乃是結合數種資訊科技的綜合應用，其目的在於保留住對企業具有貢獻度的客戶；另一方面客戶關係管理是一個不斷重複持續改善的過程，由於客戶的需求並非是靜態的，因此企業必須從客戶生命週期中去了解客戶的行為，進而提供其所需之商品或服務。

Emma chablo(2000)提出顧客關係管理係一種能解決顧客綜合性關係問題之途徑，針對每一經營區域內與顧客接觸，即行銷、銷售、顧客服務及現場支援等互動資料，藉由人與人、流程及科技之整合應用，提供無縫隙的貼心服務，而能在網際網路變革衝突中，獲得利益。事實上，顧客關係管理是一種經營關係之概念或經營管理之規律，在於考量如何使企業組織能增加保留他們最有利潤的顧客，同時可降低互動的成本與增加互動之利潤，已達利潤的最佳化。

Andrew Hunter(2000)提出顧客關係管理已變成一種企業經營者流行的對話，它像似可以改善顧客的忠誠度及增加營收，無論如何，顧客關係管理是一種方法論，而不是單憑技術及一些資訊科技所能加強企業與顧客之間的關係，當顧客從任何管道接觸，提出抱怨與詢問，就自然地觸發一個有時限的關係，如果你能把握、快速的有效回應關鍵問題，那麼才能維持長久關係、獲得顧客價值。

麥肯錫(McKinsey)公司認為「顧客關係管理應該是持續性的關係行銷(Continuous Relationship Marketing, CRM)，尋找對企業最有價值的顧客」。

資策會：e 世代的顧客關係管理是以顧客需求為核心的關係行銷，結合資訊科技與網路的應用，加速實現與顧客關係的知識管理，其基本循環模式從客戶資料取

得、萃取、轉化為可用知識，並適時、適管道、適產品與顧客互動，以達成或超越顧客最滿意為目的。並且是需要持續不斷的開創、修正、執行與顧客間的互動。

NCR 安迅資訊系統公司則定義 CRM：為了贏取新客戶、鞏固保有既有顧客，以及增進顧客利潤貢獻度，而透過不斷地溝通影響顧客行為的方法。

經濟部商業司則指出，顧客關係管理乃技術性之策略，將資料驅動決策(Data-Driven Decisions)轉變為商業行動，以回應並期待實際的顧客行為。從技術觀點來看，CRM 代表必要的系統與基礎架構，以擷取、分析與共享所有企業與顧客間的關係。從策略的角度來看，CRM 代表一個過程，用來評估與分配組織的資源，給那些能帶來最大利益的顧客關係活動。

1.4 顧客關係管理之架構

遠擎顧問公司(2001)提出顧客關係管理是一個企業藉由積極的深化與顧客之間的關係，以掌握其顧客的資訊，同時利用這項顧客情報，量身訂作不同商業模式及策略運用，以滿足個別顧客的需求。

透過有效的顧客關係管理，企業可以與顧客建立起更長久的雙向關係，這點對企業來說非常重要，因為對企業而言，長期的忠誠顧客比在乎價格的短期顧客更有利可圖，因為長期顧客具有以下特性：

1. 更容易挽留。

2. 每年買得更多。

3. 每次買得更多。

4. 買較高價位的東西。

5. 服務成本比新顧客低。

6. 會為公司免費宣傳，介紹新的顧客給公司。

顧客關係管理的架構可分為二大類，分別是：

1. 客戶關係規劃系統：

包含項目有：(1)顧客分析；(2)促銷管理；(3)關係最佳化。

2. 客戶互動系統：

包含項目有：(1)領域銷售；(2)電話銷售；(3)客服中心；(4)互動網站。

一、以顧客權益行銷模型，建立客戶關係管理架構

顧客權益的驅動因子為顧客獲得與顧客維持。與顧客獲得有關的因素分別為：顧客獲得比率、每一顧客獲得成本及企業的行銷促銷費用等。與顧客維持有關的因素分別為：顧客維持比率、每一顧客維持成本及企業的獎勵顧客方案，所花費的費用等。而且品牌權益與關係權益也會驅動顧客權益。

顧客忠誠的驅動因子分別為顧客對企業正面的口碑行銷與高轉換成本。而會形成正向口碑主要是因為顧客對企業的產品或服務等因素滿意所造成。高轉換成本會使顧客較不容易轉向其他競爭對手，使顧客和企業交易的期間加長，進而增加企業的獲利。

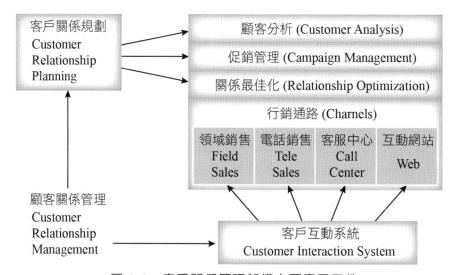

▲圖 1-1　客戶關係管理架構主要應用元件

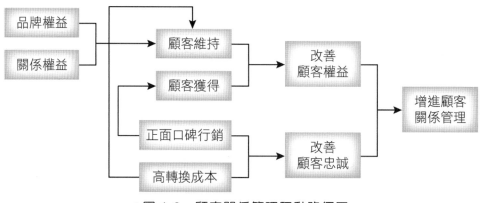

▲圖 1-2　顧客關係管理驅動路徑圖

在改善顧客權益及顧客忠誠之後，若企業能善加利用資料採礦(Data Mining)與資料倉儲(Data Warehousing)這兩項顧客關係管理中重要的軟體（工具），便可以增進顧客管理的功能。這整個程序稱為顧客關係管理驅動路徑圖。就如圖中箭號所顯示，由左往右的路徑逐步驅動個別影響顧客關係管理的直接與間接關鍵因素，並依據此路徑圖建立顧客關係管理架構。

1.5 顧客生命週期理論

顧客關係管理主要乃包括了三個不同的階段，分別為獲取(Acquisition)、增進(Enhancement)與維持(Retention)。而這三個部分，也與顧客的不同生命週期階段不謀而合。

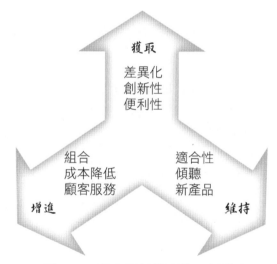

▲圖 1-3　顧客關係管理的三個階段

資料來源：Kalakota, Ravi, and Marcia Robinson(1999).E-Business: Roadwap for Success p.177

一、獲取可能購買的顧客

對企業而言，吸引顧客的第一步，是藉由具備便利性與創新性的產品與服務，作為促銷、獲取新顧客的方式之一。同時，企業必須透過優越的產品與服務，來提供顧客較高的價值。在此階段，差異化(Differentiation)、創新性與便利性是最主要的核心挑戰。

二、增進現有顧客的獲利

　　在有效的運用交叉銷售(Cross-Selling)與提升銷售(Up-Selling)之下，企業將能穩固與顧客間的關係，進而創造更多利潤。就顧客而言，交易便利性的上升與成本的減少，即為價值的增進。此階段，則著重產品的組合(Bundling)，以降低顧客成本並提供更佳的服務。

三、維持具有價值的顧客

　　對顧客而言，價值的創造來自企業主動的提供消費大眾感興趣之產品。企業可透過關係的建立，有效察覺顧客的需求並加以滿足，進而長久維持較具獲利性的顧客。因此，所謂的顧客維持，事實上即為服務的適應性(Adaptability)，亦即企業應以顧客需求而非市場需求為服務標的。

　　在此階段著重在適應性的實踐，亦即企業需要持續的傾聽顧客需求，同時致力於創新產品與服務的發展。

　　顧客關係管理的三個階段，彼此之間具有相互的影響關係。在面對不同的顧客與產品特性下，任一階段的策略改變，必會造成其他部分連帶的變動。因此，此三個階段事實上乃為相互牽連的關係。

1.6　顧客關係管理系統四大流程循環的過程

　　導入顧客關係管理的四大步驟為知識挖掘、市場行銷計畫、顧客互動，以及分析與修正，茲分述如下：

一、知識發掘(Knowledge Discovery)

　　擁有一個龐大而能隨時更新的顧客資料庫，最大的功用在於能夠盡可能反映出客戶的全貌、產生各種綜效，進而幫助決策者和市場行銷人員作出下列決定：

（一）顧客確認

　　辨識出信用良好、有正面價值的客戶，並且最多資源在利潤貢獻度(Profitability)最高的顧客身上，對於為企業營運帶來損失的顧客，也需要分析其背景，盡量減少其帶來的損失。

（二）顧客區隔

　　將不同背景、需求的客戶區隔開來，以依其個別需求作一對一行銷。

（三） 顧客預測

從現有的銷售情況、客戶反應作出預測，訂定不同的市場行銷策略。

二、市場行銷計畫(Marketing Planning)

有了詳細深入的顧客資料，即可用來設計新的市場行銷計畫，亦即先據此擬定出一個與客戶有效的溝通模式，再依顧客之反映，進一步設計出促銷活動(Campaign)，並找出較有效的行銷管道與吸引顧客上門之誘因。

三、顧客互動(Customer Interactions)

指的是運用相關的即時資訊和產品，透過各種互動管道和辦公室前端應用軟體（Front Office Applications，包括顧客服務應用軟體、業務應用軟體、互動應用軟體）執行與管理和顧客／潛在顧客之間的溝通。

四、分析與修正(Analysis and Refinement)

分析與顧客互動所得到的資訊，並持續了解顧客的需求，然後根據該結論來修正先前所擬之行銷策略，以尋求新的商機，在此階段應思考下列重要問題：

1. 何種商品或產品組合可以為企業帶來最大的營收與利潤？

2. 過去什麼客戶最易流失？

3. 什麼顧客是最忠實的顧客？通常會在什麼時候使用我們的產品或服務？

4. 哪項產品的促銷活動為企業帶來了多少營收？

5. 不同的定價策略是否會改變的市場占有率？

6. 如果用交叉銷售的特別促銷方式，可以吸引哪些客群前來採購？

上述顧客關係管理的四大循環步驟如圖 1-4 所示。

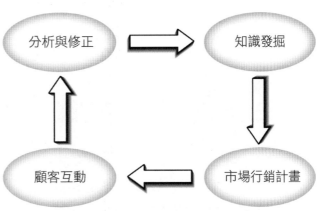

▲圖 1-4　顧客關係管理的循環過程

1.7 顧客關係管理的施行步驟

目前顧客關係管理乃是應用資訊技術，大量蒐集且儲存有關客戶所有資料，並加以分析，找出資料中具價值的知識，然後將這些資訊用來輔助決策及規劃相關的企業營運活動，並加以實行完整程序，其施行步驟如下：

一、決定顧客關係管理的目標

企業首先要訂出顧客關係管理所欲達成的目標，並予以量化，如增加獲利率、增加顧客數量、提升顧客再購率等明確的目標。

二、了解改變目前的行銷手法可能的障礙

CRM 講求能在適當的時點，透過適當的通路，針對適當的顧客，提供適當的產品。這樣的行銷方式比傳統的大量行銷、目標行銷更能滿足個別顧客的需求，所以行銷活動的思維起點，必須由傳統產品導向的 4P 轉換到顧客導向，講求如何提供對個別顧客而言有價值的產品。

▲圖 1-5　博客來網路書店－方便操作的介面，幫助顧客快速尋找同一主題的書籍
資料來源：www.books.com.tw

例如：臺灣博客來網路書店，便利用網路技術，當顧客點選瀏覽某一主題的書群時，該網站會即時在網頁上提供相關主題的書訊，並且記錄顧客購買的書籍種類，日後主動寄送電子郵件，告知顧客相關的書評和出版資訊，這樣的設計節省了顧客找尋相同主題書目的時間，提供了相當有用、方便的資訊，可以增加顧客重複再購的機率。但是這種行銷方式的變革，對於傳統企業而言並不容易，企業在思考改變行銷手法時，必須考慮到可能的障礙，如投資在原有行銷模式的固定成本，如原有通路已簽約的成本、網路通路所可能引起的與現有通路的衝突、人力縮減所帶來的企業瘦身問題…等，容易使企業喪失了變革的彈性。

三、規劃調整組織及作業程序

在企業考慮調整外部行銷活動同時，企業內組織的結構和作業程序也必須加以調整。如臺灣金融集團預定將原本以專賣特定險種如壽險業務員、產險業務員的業務員分工方式轉為以個別顧客為主，讓單一業務員提供全方位保險服務時，因為銷售的方式改變了，後端佣金計算的組織及保單送件的作業程序也要一併跟著調整。

四、利用資訊技術分析找出不同特性的顧客族群

利用資料採礦、線上分析處理及統計分析等方法，針對經過整合的資訊找出顧客的族群，這樣的分析方法不同於傳統以地域、人口統計變項方式所劃分的顧客群，而是一個全新、且以多個屬性作區分標準的分群方式。銀行在推廣信用卡時，一定對倒帳風險低、刷卡金額高的顧客有興趣，此時資料採礦技術可以根據銀行所輸入的屬性，如人口統計變項、地區分類、過去交易紀錄等，分類出幾個族群並配合顧客的交易記錄，了解這些族群的利潤貢獻度。

例如根據上述輸入的屬性，發現年齡在 30~40 歲、男性、居住於市中心、過去每月於加油站交易金額為一萬元左右的客群，對銀行利潤的貢獻度最高，這樣的分析結果對於下一階段銷售活動規劃將很有幫助。

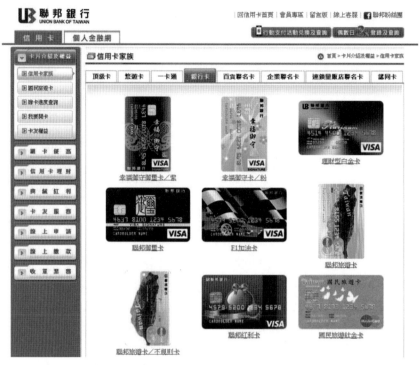

▲圖 1-6 以信用卡分析客群，可協助經營、延續顧客關係

五、決定如何經營不同客戶群間的關係、規劃銷售活動(Marketing Campaign)

在對顧客分群後，接下來就是利用這些資料，作為決策的依據，企業必須決定什麼樣的客群必須繼續維持且加強關係，什麼樣的客群必須吸引以增加獲利？接下來就必須針對特定族群的屬性規劃銷售活動。延續上列說明，若是該銀行決定加強對於 30 歲男性的信用卡銷售，就可以參考該族群的職業及消費記錄等資料，投其所好地設計銷售活動。

六、執行

規劃好銷售活動後，依據為適應新的行銷手法調整的組織和流程，配合新的銷售活動加以執行。

七、監督、事後控制、反饋

　　在執行之後，必須監督和控制銷售活動的成效，將此次的結果記錄下來，執行並反饋給決策階層，作為下次目標制訂及調整的依據。

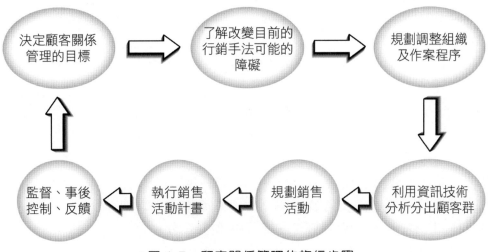

▲圖 1-7　顧客關係管理的施行步驟

習題 EXERCISE

( ) 1. 顧客關係管理針對顧客的個別需求進行一對一行銷，提供什麼服務，以作為更有效的行銷方式？　(A)大眾化　(B)客製化　(C)普遍化　(D)精緻化。

( ) 2. 企業的營運程序整合已趨向從內部流程改善跨入顧客端，企業競爭力來自滿足顧客需求並為其：　(A)累積利潤　(B)創造價值　(C)平衡收支　(D)博得好評。

( ) 3. 競爭激烈時，顧客可以選擇與比較的空間擴大，無形中便降低了其忠誠度，此現象以何者最為明顯？　(A)網路通路　(B)傳統市場　(C)批發零售　(D)團購通路。

( ) 4. 產業間高度相互競爭，壓縮了企業的獲利能力，因此如何保持客戶的占有率並發掘價值客戶及何者，即是當前應面對處理之要務？　(A)商品獨特性　(B)市場曝光率　(C)顧客忠誠度　(D)研究經費。

( ) 5. 若是組織已投入大量的資金及人力於 CRM 中，則會面臨何種阻力，及可能缺乏專業行銷分析人力的窘境？　(A)人事調整　(B)外在干預　(C)組織文化調整　(D)上級指示。

( ) 6. 顧客關係管理主要乃包括了三個不同的階段，分別為獲取(Acquisition)、增進(Enhancement)與：　(A)維持(Retention)　(B)進步(Progress)　(C)挑戰(Challenge)　(D)衰退(Recession)。

( ) 7. 企業必須透過優越的產品與服務，來提供顧客較高的價值。在此階段，創新性、便利性與何者是最主要的核心挑戰？　(A)大眾化　(B)客製化　(C)精緻化　(D)差異化。

( ) 8. 行銷活動的思維起點，必須由傳統產品導向的 4P 轉換到哪種導向，講求如何提供對個別顧客而言有價值的產品？　(A)專業　(B)企業　(C)經濟　(D)顧客。

( ) 9. 在企業考慮調整外部行銷活動同時，企業內的作業程序和何者也必須加以調整？　(A)人事結構　(B)組織文化　(C)組織結構　(D)工作環境。

( ) 10. 利用線上分析處理、統計分析及哪種方法，針對經過整合的資訊找出顧客的族群是一個全新且以多個屬性作區分標準的分群方式？　(A)資料採礦　(B)AI 分析　(C)交叉分析　(D)迴歸分析。

解答：1.(B)　2.(B)　3.(A)　4.(C)　5.(C)　6.(A)　7.(D)　8.(D)　9.(C)　10.(A)

參考文獻　REFERENCES

邱昭順、楊順昌、林國偉(2001)，〈顧客關係管理與資料採礦〉，《顧客關係管理深度分析》，臺北：遠擎管理顧問公司，頁 113-129。

洪順慶(1999)，《行銷管理》，臺北：新陸。

陳文華(2000)，〈運用資料倉儲技術於顧客關係管理〉，《能力雜誌》527，132-138。

童啟晟(2001)，〈顧客關係管理映應用發展現況與趨勢〉，《顧客關係管理深度分析》，臺北：遠擎管理顧問公司，頁 175-187。

黃有權(2001)，〈e-CRM 委外服務完全解決方案〉，《顧客關係管理深度分析》，臺北：遠擎管理顧問公司，頁 157-174。

黃育智(1994)，《直效行銷》，商周文化事業股份有限公司，臺北。

黃俊英(2001)，《行銷學的世界》，臺北：天下。

Allen, Cliff, Deborah Kania and Beth Yaeckel(1998), Internet World.

Anderson, E.W., Cales Fornell and Donald R.Lehmann(1994), Customer Satisfaction, Market Share, and Profit-ability: Findings From Sweden, Journal of Marketing, Vol. 58, pp.53-66.

Andrew Hunter(2000), "Taking the R out of CRM ", Swallow information system.

Anil, Bhatia(1999), Customer Relationship Management, toolbox Portal for CRM.

Backman, S. J. & Crompton, J.L.(1991), Differentiation Between High, Spurious, Latent and Low Loyalty Participants in Two Leisure Activities, 9(2), pp.1-17. Journal of Park and Recreation Administration.

Beardi, C. (2001). "Targetbase thrives in slow time", Advertising Age. 72(34): 15-17.

Berry, Leonard and Thomas W. Thomoson(1982), Relaionship Banking: Art of Turing Customers into Clients, Journal of Bank Retailing, Vol.4, pp.64-73.

Berry, Leonard L. and William A. Parasuraman, (1991), Marketing Services: Competing Through Quality, 1st ed. New York.: Pressima Inc.

Bradshaw, D. (1999), "Next Generation Call Centers-CTI, Voice and the Web", Ovum Pty Ltd.

Cox, Connie A.(1985), The Seven Myths of Service Marketing, Banking Marketing, Vol.17, pp.24-32.

Davids, M. (1999)." How to aviod the 10 Biggest Mistake in CRM", Journal of Business Strategy. November: 22-26.

Emma Chablo, (2000), "The Importance of Marketing Data Intelligence in elivering Succesful CRM", CRM-Forum.com.

Emma Chablo, (2000), "The Importance of Marketing Data Intelligence in Delivering Succesful CRM", CRM-Forum.com. 。

Engel, J.F., Blackwell, R.D. & Miniard P.W.(1995), Consumer Behavior, 8th ed, Fort Worth: Dryden Press.

Fornell, C.(1992), A National Customer Satisfaction Barometer: The Swedish Experience, Journal of Marketing, Vol.55, pp.1-21.

Fornell, C., M. D. Johnson, E. W. Anderson, J. Cha, & B. E. Bryant, (1996)"The American customer satisfaction index: nature, purpose, and findings", Journal of Marketing, Vol. 60, pp.7-18 。

Gale, B.T. (1992)."Relative Perceived Quality". Planning Review. July-August: 7.

Griffin, J.(1996), Customer Loyalty, Simon & Schuster Inc.

Guest, Lester P. (1955), "Brand Loyalty-Twelve Years Later," Journal of Applied Psychology, Vol.39, 1955, pp.405-408.

Guide to One to One Web Marketing, Canada: John Wiley & Sons, Inc.

Hempel,D.J.(1977), "Consumer Satisfaction with the Home Buying Process：Conceptualization and Measurement", The Conceptualization of Consumer Satisfaction and Dissatisfaction, Keith Hunt ed., M.A.: Marketing Science Institute, p.7.

Howard, John A. and Jagdish N. Sheth(1969), "The Theory of Buyer Behavior", NewYork: John Wiley and Sons, Inc.

Jackie, Kandell., (2000), "CRM, ERM, one-to-oneDecoding Relationship Management Theory and Technology", Trusts & Estates, pp: 49~53, April.

Jones, T. O. & W. E. Sasser(1995), Why Satisfied Customers Defect, Harvard Business Review, Vol.73, Nov.-Dec. 1995, pp.88-99.

Kalakota, Ravi and Marcia Robinson(1999). E-Business: Roadmap for Success, 1st ed., U.S.A.: Mary T. O'Brien.

Kobs, Jim(1992). Profitable direct marketing(2nd Ed.).incolnwood (Chicago)：NTC Publishing Group.

Kotler, Philip(2000). Marketing management: Analysis, planning, implementation and control(10th Ed.). NJ: Prentice Hall.

Kotler, Philip, (1997), Marketing Management: Analysis, Planning, Implementation, and Control, 9th ed., New Jersey: David Borkowsky.

Mc Corkell, Graeme (1997). Direct and database marketing. NY: Mc Graw-Hill, Inc.

Porter, M. E.(1980). Competitive Strategy：Techniques for Analyzing Industrial and Competitions. NY: Free Press.

Rapp and Coiilins(1990), "The Great Marketing Turnaround", Prentice-Hall, Englewood Cliffs, NJ.

Reicheld, Frederick F. and Sasser W. Earl (1990), Zero Defections: Quality Comes to Services, Harvard Business Review, Vol.68, pp.105-110.

Ronald S. Swift, (2001), "Accelerating Customer Relationship," Prentice all,Upper saddle River, New Jersy.

Telemarketing & Call Center Solutions, (May 1998), "Ten Steps To Shape Your Call Center Strategy", p88-92.

TruePoint offers, (1999), "Building a Call Center: A BusinessModel", Executive Journal, May/June, p4-11.

Westbrook, Robert A.(1981), "Sources of Consumer Satisfaction with Retail Outlets," Journal of Retaillig, Fall, pp57.

Customer Relationship Management:
Create Relationship Value

顧客關係行為
案例分享─大山
北月

顧客關係管理的前身其實是關係行銷(Relationship Marketing, RM)，以關係行銷為出發點，加上資訊科技的應用，發展成為今日的顧客關係管理，因此我們要先對關係行銷進行了解。

關係行銷無非是希望能和客戶建立良好的關係，並增加客戶的轉換成本，一旦和客戶建立了深層的關係，透過客戶的口碑宣傳，不但留住了舊客戶，也間接開發了新的客戶，隨著和客戶關係深度的增加，業務亦隨之擴張，從古自今的商場可證實在華人社會中，實施關係行銷作法有其必要性。

2.1　關係行銷的定義

1983 年 Berry 在《服務業行銷》中所提到關係行銷(Relationship Marketing)一詞，Berry 將關係行銷定義為「在多重服務組織中，吸引、維持及提升與顧客的關係的一種策略」。他認為在服務業的營運過程中，獲取新客戶只是行銷過程中的一環而已，最重要的是要能留住舊有顧客，與其保持良好關係，建立長久而深遠的目標。由上述可知關係行銷是為了吸引、發展和保持顧客關係。

一、知名學者論點

關係行銷目的是持續維持顧客長期互動的價值，而成功的指標是顧客長期的滿意與忠誠度。除了持續提供高價值和高滿意度，行銷人員必須使用許多的行銷工具來發展與顧客更深厚的聯繫。實務上會隨著關係深淺與強度之不同，為企業發展之應用，整體而言，關係行銷的重點應是在於企業與顧客建立長期互惠關係。

許多學者對「關係行銷」(Relationship Marketing)提出不同的定義，茲將各學者的看法加以彙整如表 2-1：

表 2-1　關係行銷的定義參考

學者	關係行銷定義
Arnold H.J. (1982)	為一不對稱且個人化的行銷過程，此過程基於對顧客需求與特性的深刻了解得以維持長久，並形成雙方相同的信念。
Berry (1983)	以服務為對象，為了吸引、維持並加強和顧客的關係的一種策略。 利用能和個人溝通與互動的媒體，直接與顧客對話，了解他們的個別需求，並提供他們個別化的訂製產品與服務，甚至將該產品與服務直接送至顧客家中。

📋 表 2-1　關係行銷的定義參考（續）

學者	關係行銷定義
Jackson (1985)	針對企業的行銷，指出關係行銷是為了與個別客戶發展強烈且持續的行銷策略。
Dweyer (1987)	經由互動、個人化及利益提升的長期接觸，以辨識、維持和建立個別顧客的網路關係，並持續強化此一網路關係的整合力量。 買賣雙方基於自願與互利行為而形成的一種正式交易行為，並使得未來交易的可能性增加。
Armstrong (1990)	經由提供給收關整個家庭的產品與服務，以便和顧客發展一種長期、持續的關係。
Anderson (1991)	在有利可圖的條件下，建立、維持並加強與顧客及其他夥伴之間的關係，使彼此的目標得以實現，而通常需要藉由互相交換與實現。 企業長期透過資料庫技術的應用，了解顧客的意向，透過各種溝通工具，建立各種不同型態的關係，達到傳遞個人化的訊息與服務。
Berry (1995)	所有直接與建立、發展和維持成功的關係交易之行銷活動。
Bagozzi (1995)	建構關係行銷的基本關係通常有互惠主義、經濟交換、社會交換、社會影響力、人際間感情和現實的社會架構，互惠主義是行銷關係的核心。
Beatty (1996)	關係行銷為探討關係、網路與互動關係之行銷學。
Armstrong、Kotler (2000)	關係行銷較針對長期，其目標為傳送顧客長期的價值，而成功的指標是長期的顧客滿意與忠誠度，除了持續地提供高價值和高滿意度，行銷人員可以使用許多行銷工具來發展與消費者更深厚的聯繫。

2.2　關係行銷連結方式

　　Berry(1995)探討「關係行銷」，曾將服務業的關係連結分為三個類型，並將關係行銷的做法按照和顧客結合的程度依序分為財務性連結、社會性連結及結構性連結，其中實現的層級越高，連結度越強，企業所能獲得的潛在收益也越高。

📋 表 2-2　關係行銷三種層次

層次	結合類型	行銷導向	顧客化服務程度	主要的行銷組合要素	維持競爭優勢的潛力
1	財務的連結	顧客 (Customer)	低	價格	低
2	社會的連結	客戶 (Client)	中等	個人的溝通	中
3	結構的連結	客戶 (Client)	中等至高等	服務的傳遞	高

資料來源：Berry(1995)

一、財務性連結（第一層次的關係行銷）

　　企業主要是依賴價格誘因來確保顧客的忠誠度，鼓勵顧客能多消費企業的商品，使一般顧客能成為經常購買的客源。例如：航空公司對於哩程累積到一定程度則提供免費機票，又如銀行常對大型客戶提供低利率貸款的優惠等。但此策略本身無法提供可維持的競爭優勢，實務上此策略最容易被競爭者模仿。

二、社會性連結（第二層次的關係行銷）

　　企業在此強調個人化服務的傳遞，且透過服務人員與顧客保持密切聯絡，試圖將顧客轉換為優質顧客。服務人員會定時與顧客聯繫，送生日卡片，或寄一封印有顧客姓名的感謝函給顧客等。此種結合可以在競爭者差異不大時，使顧客保有基本忠誠度，保留住原本的持續關係。

三、結構性連結（第三層次的關係行銷）

　　企業提供顧客認為有價值的服務，且此項服務是顧客無法快速自其他來源獲得的，此服務通常是直接設計於服務的傳遞系統中，而不需依靠服務人員。此服務需要技術基礎，可以使顧客覺得更有效率，更可提高顧客的轉換成本。另外，此種結合較不易模仿，可作為長期的競爭優勢。

2.3　關係行銷層級

在商品關係提升至顧客關係時，組織的支持與承諾扮演相當重要的角色；而在顧客關係升級至家庭關係時，提供完整商品及服務的能力，是顧客關係提升至家庭關係的重要前提。

因關係發展階段不同，顧客資料庫應用的深度也不同，商品關係著重在行銷作業上的應用，顧客關係則在強調輔助行銷管理決策的進行，至於到達家庭關係階段時，顧客資料庫的應用已成為整個企業策略運作的核心資源。

2.4　產品關係行銷層級

此層級定義為以「商品」為核心的關係。多數的企業和顧客之間的關係是仰賴商品，一個顧客若和同一企業往來兩項服務類別，就會被視為兩個顧客關係來處理。企業與顧客間是透過服務（商品）價格誘因來建立關係的。

由於顧客購買不同的商品或服務，必須面對不同的服務人員，顧客資料又分散在企業不同的單位，價格誘因的優勢又難以持久，因此企業的競爭優勢相對有限。

2.5　顧客關係行銷層級

將純粹商品的關係層次提升到「客戶」，也就是以客戶的整體需求為著眼點，提供顧客套裝的商品與服務，以創造客戶對企業的忠誠。

此層次即是以顧客為中心的行銷行為，而非以商品為中心的行銷行為。

2.6　關係行銷的內涵

以往的行銷多注重在探討如何取得顧客，忽略了維持顧客的重要性，而維持一個顧客的成本遠低於吸引一個新顧客的成本，所以可將企業與顧客的關係分成不同層次，企業可依據市場顧客的多寡和本身所欲獲得的利潤來決定與顧客維持關係的深淺。

企業進行行銷工作的執行與規劃時，將關係行銷分為下列五種層次：

1. **基本型行銷(Basic Marketing)**：銷售人員只是推銷產品給顧客。

2. **反應型行銷(Reactive Marketing)**：銷售人員推銷產品給顧客，並鼓勵顧客在必要時，有任何的疑問或抱怨，可以隨時呼叫他。

3. **責任型行銷**(Accountable Marketing)：銷售人員在銷售產品後不久即打電話給顧客，詢問產品是否符合顧客的期望。銷售人員也會請求顧客提供任何改善產品的建議及任何感到不滿意的意見回覆，做為企業執行不斷改善的依據。

4. **主動型行銷**(Proactive Marketing)：企業銷售人員經常打電話給顧客，並向顧客推薦改良或用途更廣的新產品。

5. **合夥型行銷**(Partnership Marketing)：企業持續的為顧客服務並共同為產品改良或提升用途更廣的新商品。如大陸小米手機採用共同開發應用程式，不只增加銷售量，更培養一大群小米粉絲。

▲圖 2-1　合夥型行銷－小米手機

2.7 關係結合

一、社會性結合(Social Bonding)

是一種彼此的成員間發展出緊密結合的社會關係，而信任或滿意在發展此關係時則扮演著重要的角色，是一種非經濟上的滿足，如社團的聯誼或相同社會地位人士的交際等。

▲圖 2-2　社會性結合

二、結構性結合(Structural Bonding)

　　此類似任務性結合(Task Bonding)，關係到買賣雙方的連結程度，此關係如雙方之間共同的利益及經濟性、策略性或組織性目標等，如產業結盟或聯合採購行銷等操作。

▲圖 2-3　結構性結合

資料來源：工商時報

2.8　實施關係行銷的價值

　　實施關係行銷的利益可區分為對企業的利益與對顧客的利益；茲將企業與顧客可自長期關係中獲取的利益列示如下：

🎙 表 2-3　企業與顧客可自長期關係中獲取的利益

企業利益	利用關係行銷來培養顧客忠誠度，藉由持續服務取得顧客終身價值。
顧客利益	降低風險減少選擇，社會利益極大化。

2.9　企業之關係類型

一、關係行銷對企業的利益

　　企業主要是利用關係行銷來培養顧客的忠誠度並進而賺取顧客的終身價值，開發新顧客的成本超出維繫舊顧客的支出，相對的在對企業利益的貢獻度上，新顧客可能會比不上舊顧客。企業若從事關係行銷，將有以下的成效：

1. 顧客忠誠度提高。

2. 品牌產品的使用率增加。

3. 企業建立資料庫，支援關係行銷的活動。

4. 市場占有率增加。

5. 交叉銷售的機會增加。

6. 花在大眾媒體的廣告支出減少。

7. 增加與顧客直接接觸的機會。

二、關係行銷對顧客的利益

因為持續性或定期地傳送重要個人化或過程複雜等服務項目，使得許多顧客習慣維持相同的供應商，為傳遞服務的媒介。由於服務的不可接觸性，使得顧客很難在購買前做評估，另外由於服務之異質性，使得顧客在一次良好的服務經驗後，便會增強其忠誠度，因此與一個特定廠商交易，除了可以降低風險的利益外，顧客可以取得最大社會利益。

顧客除了希望能從維持長期關係的服務廠商得到有關核心服務的滿足外，亦希望得到其他利益。主要包括三大類：

1. 信心利益(Confidence Benefits)。

2. 社會利益(Social Benefits)。

3. 特殊待遇利益(Special Treatment Benefits)。

其中，信心利益為顧客在此長期關係中所感受到的信任與較低的風險；社會利益則指顧客與銷售人員建立友誼，及彼此間相處的愉快氣氛；而特殊待遇利益則包括時間的節省、價格上的折扣與優惠的服務等。

2.10 企業對企業之關係行銷

大多數的企業對企業市場存在相互依賴的本質，由於存在許多各種不同類型的關係，它們全都含有「關係」這個名詞，因此有可能過於一般性而無法提供更完整與更具體的見解，在企業對企業行銷的領域中，與長期關係有關的概念已存在一段相當長的時間，且在實務中亦行之有年。

2.11 協力廠商關係

在這一整個供應鏈體系中，就單一廠商而言，往往具有多重身分，它會是一方的製造商，但也可能是他方的供應商，供應商亦可稱協力廠商，是指工廠對於其具有長期或經常買賣關係或從事提供某種特殊零件，及從事中心工廠之簡易加工的供應廠商而言。

▶▶▶ **大山北月**

　　位於新竹縣橫山鄉大山背山區的「大山北月」有限公司，創辦人莊凱詠看到農村農產品生產過剩和空間閒置的問題，便進駐已經廢校的豐鄉國小，運用策展(Curation)的新概念，以文化為基礎、創意為觸媒、教育為動能，規劃舉辦學習與文化活動，透過「食衣助行育樂市」七個面向，活化廢校「豐鄉國小」與推動鄉村地方創生。

▲圖 2-4　大山北月今昔對比
（日據時代的橫山公學校大山背分教場→臺灣光復後改為豐鄉國小→大山北月）

　　廢棄的豐鄉國小經過空間改造後，成為景觀餐廳，除了運用在地食材來料理餐點，也將農產加工成果醬、果乾等加工品，提升農產價值。這幾年更與農家合作開辦產地小旅行，讓消費者可以走進食物產地，體驗大山背的農村文化與鮮美食材。

　　莊凱詠畢業於政大企管系、清大服務科學研究所，專長行銷的他，沒有花任何一分錢在行銷宣傳，他堅信口碑行銷的力量，「認真把每件事做好，客人自然會幫你宣傳。」莊凱詠認為：當消費者對餐點滿意且認同經營理念後，就會把大山北月介紹給親朋好友。

　　莊凱詠分享關於口碑行銷的成功案例。有位消費者曾在一週內四度到訪大山北月，第一次是朋友介紹她來，她覺得餐點好吃、環境清幽，在同一週內，陸續帶部門同事、丈夫孩子，最後把公婆也一起帶到大山北月。透過好食材製作的美味健康料理，便能在消費者間建立口碑，現在，許多從遠道而來的遊客都是特地慕名而來。

　　大山北月所在的豐鄉國小，在日據時代屬於橫山公學校大山背分教場。由於地處山區，當年交通不便，學童每天爬山、涉溪才能上學，當年的校長與老師為了協助學生就學，除授課外，還義務幫忙學生家庭解決無法到校上學的困難。膾炙人口的「放牛校長」陳勝富先生的故事，以及漫畫家劉興欽的大嬸婆的故事，就發生在那樣的時空環境下。

　　1983 年，大山背因為人口外移，導致豐鄉國小學生不足而廢校。2013 年的一堂「服務科學導論」的課程，教授讓學生組隊沿著新竹縣臺三線做在地的計畫，經過考察後，莊凱詠的團隊發現橫山鄉大山背以古道聞名，有滿山的櫻花，十分漂亮，但落葉和垃圾堆積，降低遊客來這裡觀光的意願，在地的經濟也逐漸沒落。

　　因此，莊凱詠的團隊推出了「換想大山背」的淨山換麵包活動，網路上揪團撿落葉和清掃垃圾，參與者在淨山之後可以換取當地特產的手工窯烤麵包。雖然隨著學期結束，這個計畫也跟著告終，但也成為莊凱詠和女友吳宜靜創業的火苗。剛好當時新竹縣橫山鄉公所正在公開招標廢棄 30 年的豐鄉國小，和女友商量後，他們決定向鄉公所承租豐鄉國小，並將「大山背」的「背」上下拆開後重新命名為「大山北月」，象徵新生命的開始。

　　莊凱詠將地名「大山背」做文字的拆解成為「北」及「月」，不只增添想像空間，也展現了大山背的多元價值面向。他透過深度的田野調查，親自且深刻的了解當時生活文化，決定以另一種形式重新開放學校、紀念大山背小學的時代意義、延續放牛校長的愛與精神，帶給下一代的學子更大的正面影響與改變機會。

受到莊凱詠感動與號召的眾多親友與志工，跟著他從搬運垃圾、清除雜草、油漆粉刷開始，努力讓這個閒置空間重新活化起來，期望結合在地資源，實現鄉村的美麗夢想。經過多年的努力，大山北月陸續開放舊教室，開設餐廳、展覽空間、露營場地、駐館藝術家工作室，並與在地小農協同合作，致力於開發創新小農文創商品、舉辦深度農事體驗活動，讓廢校的豐鄉國小創校近百年之後，透過「創新學校」的形式延續放牛校長的精神，重現當時生活的文化與感動並繼續承擔起大山背地區精神燈塔的責任。

「大山北月是學校，也是保存與發揚在地文化、學習活動空間、策畫在地文化教育的最佳場地，」莊凱詠說道，他透過「食衣助行育樂市」這七個面向，作為廢校活化與地方創生「策展」策略：

食─新竹臺三線的策展人

莊凱詠說，新竹臺三線沿途經過關西、橫山、竹東、北埔、峨眉等五鄉鎮，大山背位於臺三線中心點，因此大山北月期許自己能成為「新竹臺三線的策展人」，結合峨眉的東方美人茶香檳、橫山的窯烤麵包、關西的仙草冷麵、竹東的手工麻糬，以及北埔的客家擂茶，透過食物策展結合客家五鄉鎮的特色和在地用心的好味道，帶動地區觀光產業經濟發展。這樣的餐點設計也獲得 Taipei Walker 全臺60 家景觀好店的獎項以及臺灣綠色餐飲指南 Green Dining Guide 的推薦肯定。

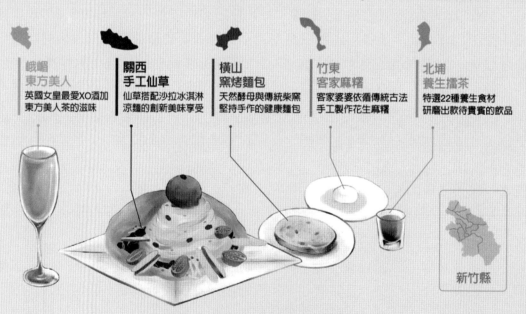

峨嵋 東方美人	關西 手工仙草	橫山 窯烤麵包	竹東 客家麻糬	北埔 養生擂茶
英國女皇最愛XO酒加東方美人茶的滋味	仙草搭配沙拉冰淇淋涼麵的創新美味享受	天然酵母與傳統柴窯堅持手作的健康麵包	客家婆婆依循傳統古法手工製作花生麻糬	特選22種養生食材研磨出款待貴賓的飲品

新竹縣

▲圖 2-5　山月慢食的範圍與特色

衣—看山小朋友 T-Shirt

新竹縣橫山鄉是個偏鄉，教育資源缺乏，美學教育更是遠遠落後市區，因此大山北月從舉辦在地國小的美術展覽開始，透過策展和解說讓家長了解自己的孩子的潛力，並將孩子的作品開發成回饋文創商品的 T-Shirt，每賣出一件「看山小朋友」衣服，大山北月就會提撥10%利潤作為在地學子的美學教育基金，創造永續循環。

▲圖 2-6 　「看山小朋友」T-Shirt

助—苦盡甘來的故事

莊凱詠說，大山北月經常會跟消費者分享「助」在山上的生活。附近的農家種植許多有機苦瓜，卻因售價高、賣相差而滯銷，農家阿姨非常苦惱。「既然大家不吃苦，愛吃甜，不如我們來把苦瓜變成糖吧！」於是大山北月不斷嘗試，終於成功研發出風味特殊的苦瓜糖，將苦苦甜甜的滋味譬喻成小農辛勤努力的過程一樣「苦盡甘來」。透過苦瓜糖分享在地有機種植的健康作物，協助解決在地小農面臨的滯銷困境及通路問題，讓好的產品與小農的用心能被更多人看到。

▲圖 2-7 　大山北月風味特殊的苦瓜糖（左）；大山北月有機種植的健康作物（右）

行—農村體驗小旅行

莊凱詠指出，大山背是座非常的美麗山丘，這裡蘊藏著歷史、人文、生態、農業，以及天文、藝術和許多的想像可能，因此大山北月跟著季節變化設計出《1月～2月》柑橘故鄉・一桔五吃、《3月～6月》面朝大山・竹子一生、《4月～5月》螢光閃耀・藝術之旅、《7月～8月》酸甜苦辣・人生之旅、《9月～10月》大家來「皂茶」輕旅行、《11月～12月》花花世界・尋根之旅等各式的旅程，帶領旅人探索四季的大山背。

育—回歸學校的初衷

大山北月沿著「新竹臺三線的策展人」以及「回歸學校的初衷」這兩條軸線做發展，用新興型態開放博物館(Open Museum)之想法繼續傳遞學習的價值與精神，將學校的草地舞臺、二樓觀景平臺、展覽空間、小學教室等場地作為企業員工訓練、戶外會議、工作坊、講座課程、親子營隊使用，讓學校的精神被找回來。

樂—獨樂樂不如眾樂樂

莊凱詠希望大山北月促進新竹臺三線的社會創新、藝術進駐、農業永續、場館活化、資源整合及發展文化生活圈，連結資源共創價值。因此創造一個開放的服務創新平臺，將「藝術美感教育」、「農事深度體驗」、「地方公共空間改造」導入在地生活。透過舉辦夜宿大山露營、草地音樂會、展覽活動、大地瑜珈課程、環境教育體驗押花棒棒糖製作、葉拓帆布包印製、公共藝術設計、駐館藝術家的 DIY 活動、窯烤披薩體驗等各式各樣活動來活化大山背的各式空間，創造出遊客、居民、政府多贏的效益。

▲圖 2-8　大山北月多元活動

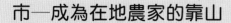

市—成為在地農家的靠山

2017 年籌辦「大山背農民市集」是全臺首創的自助式農民市集，藉以解決活化農民市集、改善農友困境、促進地方發展，大山北月設計大山背休閒農業區農友專屬櫃位，透過訪談與攝影為在地小農製作故事看板及聯絡方式，農民只需將收成的作物標價後擺放至櫃位即可離開並定期收款，而遊客只要依據標價自行投入指定金額即可帶走健康的農作物。

農民市集活化連結「大山背休閒農業區」各農家特色資源、活化市集場域聚集人潮、整合行銷不單打獨鬥、增加整體知名度，更可利用該空間舉辦各式活動，如農產品展售會、食安問題講座、食農教育活動等一舉數得。

習題 EXERCISE

( ) 1. 透過好食材製作的美味健康料理，便能在消費者間建立什麼，所以現在許多從遠道而來的遊客都是特地慕名而來？　(A)口碑　(B)價值　(C)信心　(D)名望。

( ) 2. 莊凱詠希望大山北月促進新竹臺三線的什麼，與藝術進駐、農業永續、場館活化、資源整合及發展文化生活圈，連結資源共創價值？　(A)社會服務　(B)共榮共好　(C)社會創新　(D)有效行銷。

( ) 3. 在特定行銷計畫下，在特定期間及區域內，由特定顧客群體所欲購買之某產品總量稱為什麼，這也是評估行銷機會應該先評估的？　(A)市場銷量　(B)市面價值　(C)銷售利潤　(D)市場總需要量。

( ) 4. 未來可能之市場潛量可以透過哪種調查、銷售人員意見法或其他相關統計方法獲得？　(A)市場調查　(B)街頭訪問調查　(C)電訪調查　(D)購買者意願調查。

( ) 5. 消費品市場之市場區隔可以用地理、人口、統計變數、心理變數或行為變數來進行之，所以目標行銷要先進行什麼？　(A)市場調查　(B)人口普查　(C)市場區隔　(D)資源整合。

( ) 6. 所謂目標市場係由一組擁有共同什麼的購買者所組成，在對各區隔之市場加以評估後，企業可以有選擇目標市場之策略？　(A)價值　(B)特徵或需要　(C)族群　(D)資源。

( ) 7. 關係行銷可將服務業的關係連結分為三個類型，並將關係行銷的做法按照和顧客結合的程度依序分為財務性連結、社會性連結以及哪種連結？　(A)市場性　(B)結構性　(C)共同性　(D)整合性。

( ) 8. 提供完整商品以及什麼，是顧客關係提升至家庭關係的重要前提？　(A)服務能力　(B)詳細資訊　(C)人力資源　(D)市場區隔。

( ) 9. 企業與顧客間是透過服務（商品）的哪項誘因來建立關係的？　(A)口碑　(B)交情　(C)價格　(D)多樣化。

( ) 10. 企業主要是利用什麼來培養顧客的忠誠度並進而賺取顧客的終身價值？　(A)口碑　(B)價值　(C)交情　(D)關係行銷。

解答：1.(A)　2.(C)　3.(D)　4.(D)　5.(C)　6.(B)　7.(B)　8.(A)　9.(C)　10.(D)

參考文獻　REFERENCES

Berry, L. L.(1983). Relationship marketing. American Marketing Association.

Berry, L. L.(1995). Relationship marketing of services-growing interest, emerging perspectives. Journal of the Academy of marketing science, 23(4), 236-245.

Stuart A. Kauffman.(1993). The origins of order: Self organization and selection in evolution. Oxford university press.

Watts, C.A., Kim, K. and Hahn, C.K.(1992), "Linking Purchasing To Corporate Competitive Strategy", International Journal of Purchasing and Materials Management, pp.2-8.

Customer Relationship Management:
Create Relationship Value

CHAPTER

03

顧客行銷策略
案例分享―勝政
日式豬排

顧客關係管理是基於「顧客導向」之行銷觀念，故對行銷觀念及行銷策略規劃進行深入探討，以關係行銷與顧客關係管理發展之基礎。

企業之存在奠基於顧客之存在，故企業之所能生存、發展的哲學在於「顧客導向」之行銷觀念。學者將行銷定義為：「行銷是一種社會性及管理性之過程，透過此過程，個人與群體可以創造、交換產品及價值以滿足其需要及慾望」。

3.1 關於顧客行銷

美國行銷協會對行銷之定義為：「行銷乃是對觀念、產品、服務之構想、定價、推廣及配銷進行規劃與執行，以創造能夠滿足個人及組織目標之交換」。是以行銷之意義及範圍很廣，舉凡個人或群體組織創造了產品與價值，並與他人或其他組織進行交換以滿足彼此之需要、慾望的過程，均屬行銷範疇。行銷是一個合理化的交換程序，雙方均在自由意志下進行，而且覺得該交換具有價值或意義。

企業之行銷規劃及管理程序經由策略行銷規劃之觀念開始，逐步發展為企業經濟事業部門之經營使命，進而透過內外部環境之分析，掌握有效之目標市場，並確立事業行銷目標。確立目標市場及行銷目標後，配合企業之資源、條件分析優劣勢，發展出有利之競爭優勢及行銷策略，在策略的方向指導下，規劃出具體可行之戰術行銷方案－包括產品、定價、通路及推廣各種之細部計畫與具體行銷決策。具體行銷行動方案，必須透過行銷組織及整體行銷作為執行，對於執行後之成效應進行評估，了解並調整行銷規劃之作為，方得以追求企業的永續生存與發展。

行銷管理，係屬於對經營管理行銷實務活動之描述。而企業組織對內、對外之活動均甚為複雜，可以區分為行銷、生產、財務、人力資源、研究發展及資訊管理各領域，企業管理乃是將規劃、組織、用人、指導及管制等管理技能加以應用於企業管理之活動上。為了建立企業管理之理論基礎，以下表 3-1 企業管理活動之架構來描述企業管理活動。

表 3-1　企業管理之範圍

企業活動 管理活動	行銷活動	生產活動	財務活動	人力資源 活動	研究發展 與科技	資訊活動
規劃、組織、用人、指導、管制	行銷管理	生產管理	財務管理	人力資源管理	研究發展管理	資訊管理

　　各企業活動均有其獨特之作業、活動之領域，若加以管理即形成該企業活動之管理。但各不同之企業活動間又彼此相互關聯且必須相互協調支援，以達綜合績效之目標。例如行銷管理即為行銷規劃、行銷組織、行銷用人、行銷指導及行銷管制諸細部管理活動所組合而成，其與生產、財務、人事、研究發展、資訊管理諸項企業管理活動均相互關聯及相互支援，構成整個企業管理活動系統。

　　彼得‧杜拉克(Peter F. Drucker)曾說：行銷乃是一切企業經營活動之基礎，故不能以單獨之功能視之，如自企業經營之最後結果─顧客之觀點來看，行銷是整個企業活動的整體。

3.2　行銷規劃及管理之概念

　　企業策略行銷規劃程序之具體行動方案，必須透過詳細行銷規劃及管理之程序方能獲致效果，規劃是管理功能中首要的技能及程序，企業管理規劃系統之發展需經歷：

1. 無規劃階段。

2. 以預算制度來規劃及改善現金流量階段。

3. 年度規劃階段。

4. 長期規劃階段後，正式進入策略規劃之階段。

3.3　策略規劃之意義

　　策略規劃是一個規劃管理程序，它是應用策略的觀念來統合企業發展的目標、行銷機會、企業之條件與能力間的平衡及效能。

　　一個優良的策略規劃，必須擬訂明確的企業使命(Mission)，為企業發展使命的組織目標(Objective)，並透過市場行銷機會及企業之優劣勢分析，設計出能夠達致組織總合目標的事業組合(Bussiness Portfolio)，並確定各組合事業目標及標的(Goal)，透過策略性的功能（行銷、生產、財務、人事、研發）整合規劃，努力完成企業之目標及使命。

3.4　策略規劃之程序

　　策略規劃是一個規劃管理程序，茲將策略規劃之程序詳述如下：

一、行銷觀念之策略規劃

企業之存在奠基於顧客之存在,故企業之生存、發展哲學在於「顧客導向」之行銷觀念。擬定企業之宗旨及使命,必須評估顧客之需求及企業之條件、能力與優缺點,以使企業在重要的目標市場上占取競爭優勢,這是以行銷評估為基礎。

策略規劃的過程中主要必須思考許多行銷相關之變數;諸如市場發展、成長策略、市場占有率、行銷競爭…等,皆常用行銷觀念來導引策略規劃,以定義出企業策略為「在各重要而明確的目標市場上取得優勢」及「了解企業本身之優劣勢,掌握具有吸引力之市場機會,運用企業優勢利基,發展出較競爭者優勢之事業組合,達成策略事業單位之目標、企業使命及整體目標」。

企業之整體規劃,行銷與策略是融為一體的,故策略規劃是策略性行銷規劃,也是行銷性策略規劃。

二、企業宗旨及使命

行銷觀念下之企業使命在於定義企業營運的範疇(Domain)及宗旨。

企業使命之擬訂原則如下:

1. 應具備行銷觀念、顧客導向(企業是為顧客而存在的)。

2. 企業之使命應明確定義營運之範疇(勿過大而失當,勿過小而無法有效的發展)。

3. 企業使命應明確說明並具有激勵作用及建立共識之功能。

3.5 ● 企業之總體目標

企業使命是企業之宗旨及任務,是一項理念之宣示及共識之建立,行銷觀念下顧客導向的企業使命定義了服務及努力的範疇。為了將使命落實到企業的經營管理上,應將使命引申及發展成企業之總體目標。

一、企業應盡的責任

企業的總體目標之方向在於完成對顧客、社會、員工及投資者應盡的責任。諸如提供質精價廉之產品及服務以滿足顧客的需要,協助社會大眾對環保的認知及生活品質的提高,維持企業之生存與發展,提供員工成長發展的工作環境,並回饋股東之投資報酬。

二、企業整體的目標

企業總體目標透過事業組合、分析及策略研究，以設計及確立發展之策略事業單位後，落實為各事業單位之事業目標。而各策略事業單位之目標應按策略再發展為各功能部門（行銷、生產、財務、人力資源、資訊及研究發展）之部門目標。

由企業整體總目標，引申為各事業單位目標，再發展成各功能部門目標，事業單位目標，甚至再細分為作業層級之作業標的。如此各個管理階層都有其目標，且負責實現其目標，乃形成目標管理(Management By Objectives, MBO)系統。

3.6　規劃、設計事業組合單位

有了企業核心之總目標後，為了達成該總目標，需透過不同的事業單位完成，規劃及設計不同的事業單位謂之事業組合規劃。

當然有可能企業開辦初期僅有單一事業單位，則該事業組合僅為單一，但慮及未來的成長及發展時，亦需進行事業單位組合之規劃。

一、確立策略事業單位(Strategic Business Units, SBU)

所謂策略事業單位乃是一負有明確使命之單一種事業，該事業具有競爭對手，故必須由負責任之主管，運用可以掌握之資源，透過策略性思考及分析，以規劃整個事業之方向及策略，以完成該事業單位之目標。進行事業組合分析，可以用SBU之概念來確立出該企業不同之策略事業單位。

二、分析目前之事業組合狀況

對於目前各策略事業單位在該行業所處之競爭情勢及遠景應加以分析，再衡量企業本身之資源及優劣勢，以確立各策略事業單位之對應策略。

此即為事業組合分析(Business Portfolio Analysis)，最常用之分析模式為波士頓顧問團(Boston Consulting Group, BCG)之市場成長率與占有率矩陣及奇異電器(General Electric, GE)公司之策略性事業規劃矩陣(Strategic Business Planning Grid)。

（一）BCG 市場成長率－相對市場占有率矩陣

1. 市場成長率為資金運用方向。

2. 相對市場占有率係與最大競爭者之比較。

3. 相對市場占有率為資金來源方向。

4. 亦稱為投資組合分析。

（二）GE 集團之策略事業規劃矩陣

1. 市場吸引力之因子

(1) 市場規模。

(2) 市場成長率。

(3) 利潤。

(4) 競爭強弱。

(5) 所需技術。

(6) 循環季節變動。

(7) 規模經濟。

(8) 學習曲線。

2. 競爭地位之因子

(1) 相對市場占有率。

(2) 價格競爭。

(3) 產品品質。

(4) 顧客及市場之了解度。

(5) 地點。

　　透過市場環境及競爭情勢之分析，企業可以了解現有各事業單位所處之地位 (Position)及可能存在之行銷機會，進而從企業之使命及整體目標下來擬定整個企業之事業組合策略及計畫。

三、擬定企業整體事業組合策略

　　企業現有各事業單位之角色、地位及目前事業組合狀況經詳細分析後，即應分析企業之優劣勢、資源及條件，以擬定企業整體之事業組合策略。正如 BCG 模式，GE 之策略計畫矩陣模式也有對應之策略。

（一） 企業對事業單位可追求之策略經事業組合分析後，企業可採取之策略為 （以 BCG 之模式而言）

1. 建立市場占有率：適合於問題事業。

2. 堅守市場占有率：適合於金牛事業及有價值之明星事業。

3. 收獲及降低市場占有率，適合於三種事業：

    (1) 苟延殘喘事業。

    (2) 無法因應競爭之問題事業。

    (3) 無前途之金牛事業。

4. 撤退清算：適合於苟延殘喘事業。

5. 各事業在 BCG 模式中之位置也可能因競爭狀況及市場變動而更改，而延伸出重大發展。

    (1) 成功順序：問題事業→明星事業→金牛事業。

    (2) 失敗順序：明星事業→問題事業→苟延殘喘事業。

（二）成長策略

　　許多企業在永續經營的理念之下，除了追求生存及利潤回饋之外，也隨時追求成長與發展，而成長的追求固然令企業全體士氣高昂，也能激勵員工。但成長也必須具有優勢及條件，必須審慎評估，以免成長不成，反成災難。在成長的方向及選擇上也應有策略上的擬訂。

3.7　企業成長策略

　　企業之成長策略可依其與企業既有事業之相關程度區分為如下之成長策略。

一、密集式成長(Intensive Growth)

　　此種成長策略乃是在企業現有的事業中尋求進一步的成長機會，並集中努力以完成之。這是在既有的事業基礎下尋求改善及發展。密集式成長之策略又可細分為下述數種策略：

（一）市場滲透策略

　　此策略乃是在企業現有之市場上以現有之產品進行市場滲透，尋求增加市場占有率，提高營業額。其方法有：

1. 使現有使用者定期購買或增加使用量。

2. 吸引競爭品牌之使用者，搶占別企業之市場。

3. 吸引類似之非使用者開始使用或改用本企業之產品。

（二） 市場開發策略

　　企業可以考慮以現有的產品設法進入新的、未使用企業產品之市場。此策略在生產及技術之開發上風險較小，其成敗關鍵及必須努力配合之單位，以行銷單位及銷售部門為主。其方法有：

1. 設法在目前之銷售區域或市場區域尋求潛在使用者。

2. 開發新的銷售通路，進入新的市場，掌握新的使用者。

3. 拓展新區域，進入完全未經營之市場，如拓展國外市場。

（三） 產品開發策略

　　除了前述之策略外，企業也可以研發適合原有市場、原有行銷通路之系列產品，以供應原有市場之消費群眾，以提高營業量並獲取成長。其開發產品之原則為：

1. 引申或增加原有產品之附加價值者。

2. 該產品之行銷通路可沿用原有行銷組織或近似者。

3. 該產品為技術開發可克服者。

　　有關密集式成長之策略可以參考表 3-2。

📋 表 3-2　產品／市場拓展矩陣

產品　　　　　　市場	舊市場	新市場
舊產品	市場滲透 (Market-Penetration)	產品開發 (Product-Development)
新產品	市場開發 (Market-Development)	多角化經營 (Diversification)

二、整合式成長

　　如果企業在原有產業及原有規模下，審慎評估密集式成長策略，而無成長之機會時，可進一步考慮透過「整合」之策略來追求成長。所謂整合為結合上游產業、下游產業或同游產業。如此可以掌握原物料供應或行銷通路，而追求整合效果，促進成長。

三、整合式成長依其結合之對象，可以細分為三種策略

（一） 向上整合策略(Upward Integration Strategy)

企業在目前的產業上，可以考慮向上游之原物料供應商或製造廠整合，也稱向後整合(backward integration)。整合之方式可以用合併，也可以自行設廠，向上整合除了有利於原物料之掌握之外，也可發展成為一個獨立的事業單位。

（二） 向下整合策略(Downward Integration Strategy)

公司若在現有的產業上，向接近消費大眾或使用者之方向結合，稱之為向下整合，也稱向前整合(forward integration)。例如：購併批發商或零售商，或自行設立零售專賣店或量販店，與消費大眾直接接觸，以從事行銷活動。向下整合使公司得以掌握有效之行銷通路，進而自此行銷通路組織中發展出系列產品之營運，甚至可擴大成一獨立之行銷事業單位。

（三） 水平整合策略(Horizontal Integration Strategy)

有時企業為了經濟規模上的考慮，或是基於截長補短的需要，可以考慮結合現有的競爭者或同業共同來開發市場、拓展營業額，是為水平整合。水平整合可以自行拓展原有之事業單位，增加事業單位之組織，也可以購併一個或更多的競爭者或同業。但必須政府法令所允許，不得違法壟斷及超越公平交易法之規範。

3.8 多角化策略

當企業考慮供應或生產新的產品到新的市場上，進而發掘出與現有產業不同的事業機會時，即為多角化策略(Diversification Strategy)。多角化策略必須審慎的評估，包括產業之吸引力、競爭狀況及公司之經營優勢與成功條件。前述 BCG 模式及 GE 策略規劃模式均為分析事業有效之工具。多角化依其與現有產業之技術及行銷關聯程度，又可區分為如下三種成長策略。

一、集中式多角化策略(Concentric Diversification Strategy)

若是進入之產業，其新產品之開發技術與現有產業科技有關聯，或新產品的行銷系統與現有產業行銷系統有關聯，那不論在科技上或行銷系統上均較集中力量，稱之為集中式多角化策略。為了達成綜合效果，多角化又細分為行銷關聯集中多角化、科技關聯多角化及行銷／科技均關聯之多角化。

📋 表 3-3　集中多角化策略

科技行銷系統	關　　聯	不關聯
關聯	行銷／科技關聯集中多角化	行銷關聯集中多角化
不關聯	科技關聯集中多角化	

二、水平式多角化策略(Horizontal Diversification Strategy)

　　若企業考慮開發或增設全新的產品線，拓展至同類型市場，不論新產品之開發技術與原有的是否相關，稱之為水平式多角化策略，此策略之多角化方向重心在於新產品之開發及新技術之研發與引進，較接近密集成長之產品開發策略。

三、複合式多角化策略(Conglomerate Diversification Strategy)

　　複合式多角化策略又稱企業集團型多角化策略。當集團拓展事業到一個全新的領域，該事業與現有產業之科技、行銷、市場均不相關，只是以企業集團的方式來運作而已，稱之為企業集團型多角化策略或複合式多角化策略。有時企業發覺現有事業成長停滯時，可能會朝開拓新事業的方向來追求生存與發展，企業也可能併購完全不同產業之企業而形成企業集團。

3.9　成長策略總結

　　成長策略之方向如前述，有不同的應用及考慮，茲將前述成長策略總結如表3-4。

　　策略規劃從事之活動為在企業目標下規劃欲達成該目標之可能策略，企業若欲成長，可從前述成長策略中，衡量企業之條件及經營優勢，選擇適當的策略規劃執行。

表 3-4 各項成長策略總結

成長策略					
主策略	密集式成長		多角化成長		整合式成長
細目策略	市場滲透 產品開發 市場開發		集中式多角化 水平多角化 複合式多角化		向上（向後）整合 向下（向前）整合 水平整合

說明	產品／市場	舊產品	新產品	產品／市場	關聯	不關聯	1. 向上整合為向上游各供應商或製造商整合。 2. 向下整合為向行銷通路批發商、零售商整合。 3. 水平整合為向競爭者、同業整合。
	舊市場	市場滲透	產品開發	關聯	科技／行銷關聯多角化	行銷關聯集中多角化	
	新市場	市場開發	多角化	不關聯	科技關聯集中多角化	複合式多角化	
	新產品／新市場為多角化			行銷／科技均不關聯為複合式多角化 水平式多角化為同類型市場			

3.10 顧客市場－末端消費市場

在分析及了解行銷環境之過程中，除了對總體行銷環境及個體行銷環境作深入之了解之外，對於顧客市場部分則區分為末端消費市場及組織市場以分析之。

對末端消費市場之詳細分析，重點在於其購買行為之模式。顧客採行的購買行為模式，可以下述解釋之：

一、刺激

此處所謂刺激，乃指影響顧客購買行為之因素及項目，分為行銷刺激及環境刺激，行銷刺激為企業之行銷組合，即企業可控制及運用之產品、價格、配銷及推廣等決策項目，為可獨立處理之變數。環境刺激其刺激來源為企業無法控制，但會直接影響到顧客之購買行為，包括有政治、經濟、科技、社會等總體環境刺激及競爭者。

二、處理及轉換過程－購買者黑箱

所謂購買者黑箱乃是應用心理學上刺激－反應模式，而其處理及轉換過程為黑箱，此處研究為顧客購買模式，故稱為購買者黑箱，對黑箱內容加以解析，可以分為購買者背景特徵及購買者決策過程。

三、購買者背景特徵

所謂購買者之背景特徵，乃是此些背景因個人或族群而有所差異，而背景差異會影響到顧客對刺激之反應，而影響到購買者之購買考慮及決策過程。購買者之背景特徵會因購買者之文化、社會、個人及心理之不同而有所差異，分析購買決策者時必須加以了解。

表 3-5　購買決策者背景特徵

購買決策者背景特徵	文化	文化、次文化、社會階級。
	社會	參考群體、家庭組合、角色地位。
	個人	年齡、生命週期、職業、經濟狀況、生活型態、人格、自我觀念。
	心理	動機、認知、學習、信念、態度。
	購買角色	發起者、影響者、決定者、購買者、使用者。
	購買行為類型	複雜型、降低失調型、習慣性型、尋求多樣化。

四、反應

即購買者之決策，包括購買何種產品、品牌為何、何處購買、何時購買及購買多少。

五、購買者決策過程

顧客購買過程可以下述各階段描述之：

表 3-6　購買者購買決策過程

購買決策過程	詳細內容
階段1：需要的確認	(1)需要、刺激、驅力。 (2)購買之理由。
階段2：資訊搜集	(1)來源：個人、商業、公共、經驗。 (2)資訊組合：全體、知曉、考慮、選擇、決策組合。
階段3：方案評估	(1)認知導向模式：理性、意識。 (2)屬性組合、品牌信念、效用函數、評估程序。 (3)期望值模式之應用。
階段4：購買決策	(1)品牌偏好、購買意圖。 (2)他人態度、非預期之情境因素、認知風險。 (3)品牌、賣主、數量、時間、付款、方式決策。
階段5：購後行為	(1)購後滿足：期望與認知績效。 (2)購後行動：高度滿足、退出、聲討、購後處置。

3.11　顧客市場－組織市場

　　組織市場包括有工業市場、中間商市場及政府市場，各有其特定之購買目的及行為。

一、工業市場

　　工業市場中有較少但大型之購買者，地理位置較集中，工業市場之需求為衍生之需求且較無彈性。採購行為為專業化之採購，極為重視供需之長期關係，影響購買決策者較多，工業市場之採購乃是為了生產、製造為基本目標。

　　工業市場之採購可能為新購買者，可能為直接再採購，也可能修正再採購。其採購常為整體系統採購，故常會有規格、交貨付款、數量等不同條件之次決策。購買決策過程會受到使用者、影響者、決策者、同意者、守門者及購買者之影響，同時受到不同的環境及組織因素之影響，更受到人際關係及參與個人之特性所影響。

工業購買決策與末端消費購買有所不同，工業購買程序漫長而複雜，故必須耐心建立長期之關係。其程序為：

1. 問題確認。

2. 需求描述。

3. 決定產品規格。

4. 尋找供應商。

5. 尋求報價。

6. 選擇供應商。

7. 決定採購並發展例行訂購規定。

8. 績效評估。

二、中間商市場

中間商之採購是為了再轉售或出租謀利，其決策之主要內容為產品搭配，故其常面臨下列各情境之採購抉擇：

1. 新產品之選擇。

2. 最佳供應商之選擇。

3. 較佳交易條件之選擇。

中間商之採購決策者視規模大小而不同，有業主、專人及專門部門。中間商之採購決策受到消費大眾之接受度、推廣計畫及財務激勵之影響。

中間商之特性及採購類型有許多不同，有忠誠及具創造性的，有機會主義及揩油型的，有選擇最佳交易及配對型者，也有要求推廣配合者。中間商之採購程序與工業市場大同小異，重視購買技巧、銷售預測及產品選擇。

三、政府市場

政府市場之購買乃為了公共目標及服務民眾。其市場龐大而複雜，可分為一般市場及國防支出市場。其採購亦因軍方或非軍方而有所不同。政府採購亦受到環境、組織、人際及個人之影響，且需受到民意之監督，必須依預算及採購法令進行，政府採購程序有許多作業表格及官僚程序，必須逐一加以克服。採購方法大致

分為公開招標（價低得標、最有利得標）及議價合約。政府採購特別重視成本，而
總支出及預算由民選官員及民意機關所決定。

3.12 競爭者分析

企業面臨各種不同層次之競爭者，包括有相似產品、服務、價格及顧客之競爭
者；相同產品或相同等級之所有企業，提供相似服務之產品製造者之所有企業及各
種可能耗用目標顧客金錢之製造商或服務企業，競爭者分析可依下述之步驟進行
之。

一、確認企業之競爭者

以產業觀點及市場觀點具體地確認企業之競爭者。

（一） 產業觀念

產業係由一群提供類似且彼此可相互替代的產品之企業所組成，企業應進行產
業結構之分析及了解，包括銷售之家數及退出障礙大小、產業成本結構、垂直整合
之可能性及全球化程度大小等，均需逐一加以分析。

（二） 市場觀念

從顧客需求來看競爭市場之觀念，企業將會有更廣、更精確的角度去確認實際
及潛在之競爭者，市場觀念可以透過產品類型及顧客類型為區隔進行交叉分析，以
了解各區隔市場中競爭者之能力、目標競爭策略及行銷戰術方案。

二、確認競爭者之策略

對於在產業特定市場中，採用相同策略之策略集群加以分析，可以獲得競爭者
之策略定位，分析之構面可以用品質形象、技術層次、地區範圍、垂直整合度及移
動障礙等加以分析，競爭策略集群常會發展成追求共同目標市場，共同產品特性及
尋求擴張機會之特質。

企業應對競爭者詳細分析，收集有關競爭者產品品質、特性及行銷組合(4P'S)
相關策略，並在研究發展、生產製造、採購及財務上進行優劣勢分析及策略。

三、判定競爭者之目標

所謂競爭者之目標，乃是競爭者在各種不同目標組合中所考慮之重要程序及優
先次序，企業應分析競爭者目前在獲利目標、市場占有率、技術發展、服務領導各

方面之重視程度及相對權數為何，並了解其財務狀況及現金流量，方能判定競爭者之目標。

競爭者之目標可能是增加收入（現金流動），也可能是追求成長及市場占有率；競爭者目標與其規模、歷史及管理方式有關。透過競爭者目標分析可以監視競爭者之擴張計畫。

四、評估競爭者之強弱勢

分析競爭之相關資料，可得知競爭者之強弱勢，其內容包括有銷售額及其變化、市場占有率、邊際利潤、投資報酬率及產能運用狀況、擴充計畫等。

從顧客之觀點來分析競爭者之強弱勢，如顧客對競爭者之知曉程度、產品品質、技術服務、銷售人員態度之評估等，更可運用財務報表進行財務分析（如流動比率、財務槓桿、每股盈餘、周轉率、獲利力財務結構），進而了解其弱勢所在。

五、預估競爭者之反應

企業必須了解競爭者之經營哲學及預估其對市場刺激（如降價、促銷、新產品上市）之反應。競爭者之反應型態受到財務、技術、行銷組織及廣告預算等各項因素之影響。競爭之均衡與否受到競爭關鍵因素多寡及關鍵性競爭變數多少之影響。

六、選擇攻擊及防備之競爭對象

對競爭者之策略、目標、強弱勢及反應有所了解後，企業可以透過各類屬性上與競爭者比較，以進行優劣勢分析（稱為顧客價值分析），選擇專注的攻擊及防備對象。攻擊對象為較弱之競爭者、屬性最像之競爭者以及惡性之競爭者。

七、追求市場導向之競爭

在分析競爭者之策略及目標，並採取對策的過程中，企業應隨時考慮顧客，以顧客為中心的競爭，企業將站於較佳之立足點上，也較能掌握新的機會。市場導向之競爭，強調競爭對象之思考應從顧客及競爭者雙方面均加以注意。

3.13　研究及選定目標市場

對於行銷環境有了詳細的了解，並分析企業強弱及競爭利基後，應該進行目標市場之研究及選擇。研究及選定目標市場之程序如下：

一、市場需求量之衡量及預測

　　評估行銷機會，應先估計市場之總需要量，所謂市場總需要量乃是特定行銷計畫下，在特定期間及區域內，由特定顧客群體所欲購買之某產品之總量。

　　企業欲估計可能的銷售額，可以從市場總量中考慮經營區域及市場占有率目標計算而得，對於未來可能之市場潛量可以透過購買者意願調查、銷售人員意見法或其他相關統計方法獲得。

二、進行市場區隔

　　策略性行銷觀念從早期「銷售者大量地生產、配銷及推廣單一產品」的大量行銷，經過「設計生產數種多樣化的產品以提供給品味不同的客戶」之產品多樣化行銷，到「先區分市場，針對特定的區隔市場發展合適的產品及行銷方案」的目標行銷。

　　目標行銷要先進行市場之區隔，消費品市場之市場區隔可以用地理、人口、統計變數、心理變數或行為變數來進行之。而工業品市場之市場區隔則可以產業統計（如產業、公司規模、地理位置）、行業特性變數（科技、使用狀況、服務程度）、採購方式或情境因素（緊急、特定或訂購量）來加以區隔。有效的區隔市場應該可以衡量、可以接近、可以採取行銷活動，更需有足夠之銷售量及獲利力。

三、評估區隔後之各區隔市場

　　首先應評估各區隔市場之規模大小及成長可能性，規模大及成長率高之市場，競爭者介入較多。其次應評估各區域市場之結構吸引力，波特在「競爭策略」中分析市場吸引力，提出五力分析，認為市場吸引力之大小受到：

1. 產業競爭者之大小多寡。

2. 潛在新進入者進入之難易。

3. 已有或潛在之替代品之多寡。

4. 購買者在該市場之議價能力。

5. 供應商議價力量大小之影響。

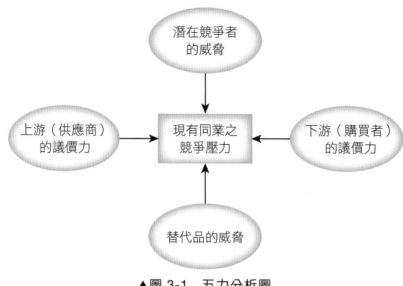

▲圖 3-1　五力分析圖

　　最後企業應評估本身之目標資源及技能，區隔之市場應與企業之目標相配合，而企業對具有吸引力之區隔市場應評估本身是否具備應有之成功要件。

四、目標市場之選擇

　　所謂目標市場係由一組擁有共同特徵或需要的購買者所組成，在對各區隔之市場加以評估後，企業可以有五種選擇目標市場之策略：

1. 集中單一區隔市場。

2. 選擇數個專業區隔市場。

3. 產品專業化。

4. 市場專業化。

5. 市場全面涵蓋。

　　而市場全面涵蓋可運用對整個市場提供單一產品之無差異行銷及同時經營兩個以上之區隔市場、並分別設計不同產品及行銷方案之差異化行銷。

　　如何選擇目標市場，必須就企業擁有多少資源、企業產品與其他公司產品之同質程度、企業產品之生命週期階段加以評估，並衡量各區隔市場同質或異質，競爭者之行銷策略，並就上述五種策略中選擇企業產品具有優勢且市場有吸引力者為目標市場。

若從競爭性行銷之觀點視之，目標市場之選擇應考慮競爭者之原有產品定位，並研究顧客之偏好，以選擇企業技術及資源條件具有競爭優勢，且具足量顧客之區隔市場為目標市場。

理論上從競爭者之產品定位圖及顧客之偏好圖之合併圖中找尋空隙及利基，可發展出企業發展之產品及目標市場之行銷定位（或稱市場定位）。

3.14 ● 差異化定位

企業目前所處之產業狀況及地位，可以依競爭優勢的數目及大小來加以區別，企業之差異化定位乃在於不停的追求主要之競爭優勢，或不斷的發展及創造潛在的優勢，並逐步放棄僵化產業，逐次再創新，並將其落實為企業例行化工作，以獲得實質之管理優勢。

一、差異化之途徑

欲創造與競爭者不同之競爭優勢，差異化之行銷策略必不可免，差異化之途徑可以下述方式完成之。

1. 建立產品差異化：包括有產品特性、一致性、耐用性、可靠性、可維修性、造型、設計及附屬在產品之各項因素加以差異化。

2. 建立服務差異化：如交貨、安裝服務、顧客員工訓練、諮詢服務、修理服務及其他差異化附加服務。

3. 建立人員差異化。

4. 建立形象差異化：可以運用符號、書寫字體及影視媒體、氣氛、事件等，即透過所謂 CIS 創造(Corporate Identification System)及公共關係之創造以建立差異化。

二、定位策略

在建立了企業差異化策略之後，應從差異化之重要性、獨特性、優越性、可傳達性、專利權、顧客負擔能力及獲利力上加以思考，推行有效的定位，以使得產品在目標顧客的心目中占有一個獨特且具價值感的差異化地位。定位時必須避免發生不明顯或者過於混淆、過於狹隘及有疑問之定位。有了定位的策略，企業才得以發展出具體戰術性行銷組合行動方案。

三、傳達給目標顧客

　　企業發展出明確的差異化定位後,即應透過各種可能的途徑及方法將此定位形象有效地傳達給目標顧客。

3.15 ● 新產品開發策略

　　在成長的策略中,新產品的開發極為重要,在建立差異化的定位策略中,也必須透過新產品之開發。故即使面對市場細分,開發成本膨脹,產品生命週期短暫之困境,企業仍需進行新產品開發之成長及差異化策略。

　　新產品之開發,有市場導向及產品導向之策略可以抉擇。

▲圖 3-2　豐富多元的新口味(開發新產品)是顧客滿意的基本策略
資料來源:四海遊龍提供

3.16 ● 新產品開發之過程

　　新產品開發之失敗率頗高,但為求競爭成長以及行銷差異化,又不得不為之。透過新產品開發之過程之管理,得以降低新產品開發之風險及掌握市場機會。新產品開發之過程包括:

1. **創意產生**:可透過消費大眾、科學家、競爭者、員工及經銷商等來產生構想,亦可運用屬性列舉法、強迫關係術、結構分析術、腦力激盪術、逐步激盪術等技術以獲得新的創意。

2. **創意篩選**：可以透過企業之目標（利潤、銷售量、成長、商譽）及資源（資金、生產、行銷、配銷能力）來篩選之。

3. **觀念發展及測試**：將產品之創意轉化為消費大眾所欲購買的產品觀念，透過產品定位及品牌定位圖，發展出該產品之競爭地位；同時必須對適當的目標顧客群進行觀念測試，以了解消費大眾對產品觀念接受之程度。

4. **行銷策略發展**：包括目標市場之大小、結構及行為，行銷計畫之產品定位以及預計短、中期之銷售量，市場占有率與利潤目標。

5. **進行商業分析**：包括估計銷售量、估計成本與利潤，亦即進行經營分析及投資可行性分析。

6. **產品發展**：商業分析認為可行後，應移轉至 R&D 部門及製造工程部門，將產品觀念加以實體化，即產品原型製作，並測試其功能及估計量產成本。

7. **市場試銷**：應用銷售波動研究、模擬商店、迷你市場試銷或代表城市測試等方法測試消費品，也可以用產品使用測試及商品展示會，經銷商測試及小地區試銷等方法測試工業品。

8. **正式商品化**：考慮如何上市，包括何時、何地、何人、如何等策略及技術，並正式執行產品上市計畫。

3.17　新產品差異化策略

欲透過新產品之差異化策略，必須思考：

1. **顧客採用新產品之過程**：依序為知曉、興趣、評價、試用而後採用。

2. **顧客之創新性**：即試用新產品之傾向。可依創新採用族群分配圖述之，以了解新產品在相對時間內銷售量可能的變化。依一般之經驗法則創新採用族群分配狀況。

3. **新產品之特徵**：新產品之特徵會影響產品之差異化程度以及採用率，包括創新的相對優勢，創新的配合性與創新的複雜性、可分性、溝通性及成本高低等因素，均需加以研究。發展新產品與新服務在行銷策略上已是不可避免的趨勢，也是生存、成長之必要條件，而漸趨成熟及衰退之產品，最終必為新產品所取代，故必須運用新產品之開發以建立相對優勢。

▲ 圖 3-3　四海遊龍在購入國際高規格手工水餃品牌的工廠後，以開發新產品建立同業相對經營優勢，將有機會讓顧客在不同通路購買手工水餃，不用出門也能享用頂級水餃

資料來源：四海遊龍提供

3.18 ● 探討產品生命週期之行銷策略

若從產品顧客之需求及科技之長期發展來看，產品的生命是有限的，而且在不同的生命階段，有不同的挑戰，而營業及利潤有升有降，各階段應採不同之策略，茲參考菲力浦‧柯特勒(Philip Kolter)之意見，列表 3-7 如下：

表 3-7　產品生命週期之特徵、目標及策略之彙總

		導入期	成長期	成熟期	衰退期
特徵	銷售	低	快速上升	達於尖峰	下降
	每一顧客的成本	高	中等	低	低
	利潤	負	逐漸上升	高	逐漸下降
	競爭者	創新者	早期採用者	中期採用者	遲延的購買者
	競爭者數目	少	數目逐漸增加	數目穩定但開始下降	數目逐漸下降
行銷目標	目標	創造產品知名度與試用	最大化市場占有率	最大化利潤同時保護市場占有率	減少支出並榨取此品牌之利潤

📋 表 3-7　產品生命週期之特徵、目標及策略之彙總（續）

		導入期	成長期	成熟期	衰退期
策略	產品	提供一項基本的產品	擴展產品的廣度並提供服務及保證	品牌與樣式多樣化	逐漸除去弱勢的產品項目
	價格	利用成本加成	滲透市場的價格	配合或攻擊競爭者的價格	降價
	配銷	建立選擇性的配銷	建立密集性的配銷	建立更密集的配銷	採取選擇性作法；去除無利潤的銷售據點
	廣告	在早期採用者與經銷商間建立產品知名度	在大量市場中建立產品知名度與興趣	強調品牌差異性與利益	減低至維持品牌忠誠度的水準
	促銷	使用大量的促銷來吸引消費者的試用	減少對大量顧客需求的依賴	增加對品牌轉換的激勵	降低至最低水準

3.19　市場角色之意義及類型

　　每一家企業在市場或產業上都有其已占有之市場角色，同時也面對各種不同的競爭者，企業行銷策略之擬定，必須考慮企業自身之市場地位及市場角色，也必須衡量競爭者之市場地位，即「知己知彼，百戰百勝」。所謂市場角色即企業所擁有之經營資源及市場占有率之整體評估。

　　依據企業經營資源之多寡及其在市場上占有率之多少，可以將市場上多數企業區分為四種市場角色：

1. 市場領導者。

2. 市場挑戰者。

3. 市場利基者。

4. 市場跟隨者。

一、市場領導者

　　每一市場上均存在市場領導者，一般而言，即是該行業中最大或最具規模的企業，占有最大的市場占有率，在經營資源的質與量上擁有較豐沛的優勢。市場領導者在行銷組合上均領先於其他企業，也是其他競爭者挑戰、模仿或迴避之對象。

二、市場挑戰者

在產業中位居第二、第三或其次之企業，在市場角色上不是領導者，但具備足量的經營資源得以對市場領導者產生威脅，而企業為了追求成長，也常對市場領導者採取挑戰，故稱之為市場挑戰者。市場挑戰者經營資源的量具有足夠的水準，市場占有率較市場領導者差距不是很大，但整個經營資源，包括形象、知名度及開發能力較領導者遜色。

三、市場利基者

有些企業在市場上的地位不具有足量的經營資源，也不具有高的市場占有率，但在某一個區隔領域內又具有獨特的市場地位，或在經營資源之運用，如技術能力、特殊通路、特殊區域上有其優良的能力存在，市場利基者是短小精幹型的，雖沒有足夠的經營資源，但若彈性地運用，仍有其一片天空。此立基者應有部分企業符合隱形冠軍的條件。

四、市場跟隨者

在市場上有許多企業，在經營資源上不論量或質上均處於小量之狀態：市場占有率很小，也沒有特殊的技術開發能力，知名度小，也沒有完整的行銷能力；這種企業之市場地位屬於跟隨者之角色，為了維持生存及基本營運，只能採取低姿勢的跟隨策略。

3.20 ▶ 不同市場角色之行銷策略

市場上，各種類型之市場角色擁有之資源及面臨之各種競爭者均有所不同，再衡量本身資源條件及外部競爭環境，應有不同之行銷策略。茲將各種不同市場角色之行銷目標，競爭策略及可行之行銷策略列表如下：

表 3-8　市場角色之行銷策略

經營資源	競爭地位	行銷目標	因應競爭策略	因應需求策略		
			競爭基本策略	目標市場	可行之行銷策略參考	行銷組合政策
量大質高	領導者	最大占有率、最大利潤、聲譽、形象	全方位	全部市場	1. 擴張整個市場：新使用者、新用途，更多量使用 2. 防禦市場：陣地防禦，側翼防禦，先發制人，反擊防禦，機動防禦，緊縮防禦。 3. 擴張市場占有率	• 產品：中～高品質為主軸之全系列化產品線 • 價格：中～高價格水準 • 通路：開放型通路 • 推廣：中～高水準，整體訴求型
量大質中	挑戰者	市場占有率	差別	局部市場	正面攻擊，側翼攻擊，圍堵攻擊，游擊攻擊，迂迴攻擊	產品、價格、通路、推廣相對領導者差別化
量小質高	利基者	利潤、聲譽、形象	集中	特定區隔市場產品、顧客層之特殊化	最終使用者專家 垂直層次專家 顧客規模專家 特定顧客專家 地理區域專家 產品或產品線專家 產品特性專家 訂單生產專家 通路家	尋找： 利基市場 利基產品 利基價格 利基通路 利基推廣
量小質低	跟隨者	生存利潤	模仿	經濟性區隔市場	緊密追隨 模仿者 改良適應者	與他業者相同或以下的品質、低價格水準之價格訴求、通路低推廣水準

3.21 ▸ 全球化之市場拓展策略

　　企業經營到一個規模，或是在國內市場經營面臨市場成熟或衰退時，均需考慮到除了國內市場外，是否也要進入國外市場，甚至發展到全球各地，以求擴大市場，進而追求營業額及利潤之成長。根據國際貿易比較利益之原則，每一國家均鼓勵公司走向國際化，也希望出口總值能超越進口總值以創造出超、賺取外匯，增強國家之出口作業常有獎勵之措施，而企業營運也必須思考是否要進行全球化之市場

拓展，國際行銷策略規劃之架構及程序，與國內行銷策略規劃之程序大同小異，但其範圍較大，且風險較高，不可測之變數較多，必須調整適應之處亦廣。

3.22　評估全球行銷環境

意欲進行國際行銷，自需探索及了解國際上之行銷環境，才能找出國際上之市場機會及風險所在，評估全球行銷環境必須就國際上各體系及國家之行銷環境加以分析。

1. **國際貿易體系**：包括關稅及貿易總協定、經濟共同體、歐州共同體及亞太經濟全球組織等各種國際貿易體系。

2. **經濟環境**：包括各國家人口之多少及結構、匯率利率、產業結構、國民生產毛額及該國之所得水準與分配狀況等經濟環境。

3. **政治法律環境**：包括外資投入之態度、該國政局之穩定性、對外匯之管制、政府官僚體系及各項投資獎勵或管制之法令。

4. **文化環境**：包括該國之社會價值觀、民情風俗、生活規範、禁忌、消費習性等文化特質。

5. **企業環境**：包括整個企業經營體系，上、中、下游之產業結構及水準，基本建設水準，商業傳統習慣及企業行為與規範。

3.23　決定是否進入國外市場

評估了全球各國家之行銷環境及該國之市場吸引力，企業必須評估自身的經營資源條件及風險大小，決定是否進入國外市場，亦即必須進行投資可行性分析，評估進入國外市場之機會、風險及優缺點。評估結果若不準備進入國外市場，則專注於現有市場之擴展而等待時機及拓展機會。

一、決定進入哪些國際市場

決定了要進入國外市場，則必須決定要進入哪些國外市場，選擇進入哪些市場應依據該市場吸引力之大小。決定進入那個市場，也應就該市場進行投資報酬率之估計，包括市場潛量及銷售預測、成本及利潤之預測及可能之投資報酬率。

二、決定如何進入國際市場

決定要進入國外之市場後，應決定進入國外市場之策略與方式。下表列述可行之類型及方式：

📋 表 3-9　進入國外市場方式

類型	方式	涉入程度	控制	風險	利潤潛力
間接出口	偶發式出口 被動 出口代理商	最低	最低	最小	最小
直接出口	自行出口、國外配銷代理、出口部門、外銷代表巡迴	低	低	小	小
授權	允許被授權者使用製造方法、商標、專利	中	中	中	中
合資	與當地企業合資建立新公司，共享所有權及控制權	高	高	大	大
直接投資	自行設計裝配或製造工廠	最高	最高	最大	最大

每一種投資方式及進入市場之方法均有其優缺點及風險所在，企業在評估風險承擔及利潤所在，考慮自身之資源條件後，選擇適當方式進行之。

三、決定國際行銷方案

國際行銷方案之製訂，必須考慮國際行銷環境與國內之行銷環境有很大的不同，在行銷方案上，必須思考標準化因素及適應調整等因素。標準化行銷方案可以降低成本及風險，但不一定適合不同社會、不同文化之國際市場，適應調整之行銷方案，雖必須有所改變而增加經營成本，但常能帶來較大的市場機會，推出適合該國之行銷方案。Keegan 依據行銷組合中產品及推廣方式列出下表各種不同之行銷方案。

📋 表 3-10　國際產品／推廣策略調整

促銷＼產品	不改變產品	調整產品	開發新產品
不改變促銷方式	直接延伸	產品調整	產品發明
調整促銷方式	溝通調整	雙重調整	

價格及通路之策略與方案，也必須考慮成本及市場特性，加以過濾及選擇適當方式以實施之。

四、決定國際行銷部門及組織

國際行銷組織與選擇進入國外行銷方式有關，從保守單純的出口部門之設置，到成立國際部門來處理產品外銷、授權、合資等事宜，更可能建立起多國籍企業集團，形成全球性組織，以直接投資並使行銷管理本土化。

▶▶▶ **勝政日式豬排**

日式料理在臺灣的現況分析

　　根據波仕特線上市調網(http://www.pollster.com.tw)調查結果發現，國人對於日本料理的喜好度超過 60%以上，大多民眾還是選擇日本料理為最喜愛的美食。

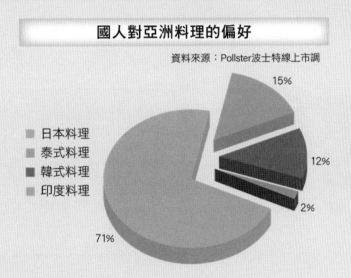

國人對亞洲料理的偏好

資料來源：Pollster波士特線上市調

- 日本料理
- 泰式料理
- 韓式料理
- 印度料理

15%
12%
2%
71%

　　以下分男女對於亞洲美食的喜好，仍然還是以日本料理勝出。

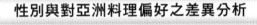

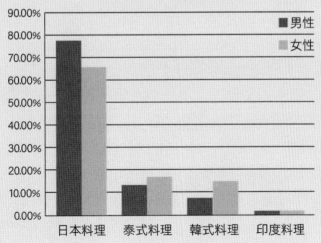

性別與對亞洲料理偏好之差異分析

資料來源：Pollster波士特線上市調

男性
女性

日本料理　泰式料理　韓式料理　印度料理

　　《OpView 社群口碑資料庫》研究觀測 2018 年 4 月 20 日至 7 月 20 日，涵蓋臉書、Ptt、Dcard、Mobile01 等全臺熱門社群、新聞網站超過 2 萬個頻道，整理出異國料理中網友們呼聲最高的料理種類，及選擇餐廳時的考量因素排行。

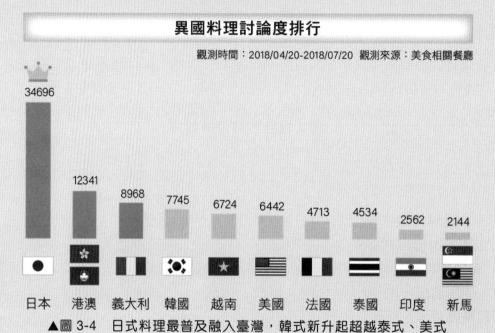

異國料理討論度排行

觀測時間：2018/04/20-2018/07/20　觀測來源：美食相關餐廳

日本	港澳	義大利	韓國	越南	美國	法國	泰國	印度	新馬
34696	12341	8968	7745	6724	6442	4713	4534	2562	2144

▲圖 3-4　日式料理最普及融入臺灣，韓式新升起超越泰式、美式

圖片來源：OpView 社群口碑資料庫

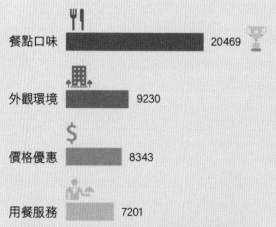

餐廳選擇考量因素討論度排行

觀測時間：2018/04/20-2018/07/20　觀測來源：美食相關餐廳

餐點口味	20469
外觀環境	9230
價格優惠	8343
用餐服務	7201

▲圖 3-5　選擇餐廳，口味還是考量重點

圖片來源：OpView 社群口碑資料庫

分析排名出網友選擇用餐地點的考量，討論度由高到低依序為「餐點口味」、「外觀環境」、「價格及優惠」、「用餐服務」。吃飯口味合不合適很重要，但現在吃飯不再只是一種味覺上的享受，更是需要外在環境加以輔助。餐廳好壞的評價已不再僅限於餐點本身，環境的裝潢、採光、空間配置和餐點賣相等因素，都納入評分標準。

根據《日經亞洲評論》報導指出，臺灣人口有 2400 萬，大多是雙薪家庭，職業女性占比高，代表著外食機會也比較高，數據指出，臺灣家庭 1 年花在外食和住宿的家庭支出，大約是 9 萬 7000 元臺幣，是日本的 3 倍多，因此造就了龐大的外食市場，吸引日本餐飲業者進駐。

雖然臺灣已經有許多日本料理餐廳，但許多赴日旅遊的臺灣觀光客仍對日本當地餐飲念念不忘，顯示臺灣的日本料理市場仍有成長空間。

日本貿易振興機構(JETRO)統計，臺灣目前約有超過 9000 家日本風格的餐廳，有別於過去日式料理的餐廳，近年臺灣消費者對有特色的正統餐廳也很感興趣。「有特色的產品＋中價位的訴求＋空間提供」的定位，是這群新挑戰者最大的特色，從居酒屋、創作料理、定食到洋式餐廳，日本餐飲服務業者，近來挾著創意商品和精準管理，在臺灣積極擴展版圖。

勝政日式豬排美味呈現

「靜岡勝政日式豬排」於 2013 年由臺灣慕里諾國際餐飲集團成功代理來臺，秉持一貫對於食材、服務與環境等用餐環節的堅持，桃園中壢大江一號店一開幕即成功奪下全臺日式豬排單店業績王，二號店臺北統一時代店更是日日排隊的爆紅人氣店，廣受臺灣各大媒體推崇，臺灣《GQ》雜誌更讚譽為「夢幻豬排」，2019 年更榮獲臺灣網友票選人氣第一豬排名店。

自 2013 年引進日本靜岡指標性排隊名店「靜岡勝政日式豬排」以來，即以「究極日式豬排」精神，體現日本豬排的完美境界；特別聘請日本管理指導之外，亦同時邀請日本料理職人為料理採用十餘種頂級食材，打造「究極日式豬排」的極致口感。

為呈現極致豬排的美味，採用先進豬肉熟成技法—微真空熟成肉品，使肉質口感更鮮美，同時裹附日本直輸特製的新鮮麵包粉及使用日本紅外線油炸機油炸，使豬排酥炸後呈現玫瑰粉色，酥脆鮮嫩肉汁滿溢。

為顧客選找安全美味的努力

勝政豬排挑選食材有以下堅持：

1. 肉品選用臺灣雅勝豬肉以及臺灣香草豬、西班牙伊比利黑豚、舒康雞等優質品牌肉品以確保肉品的新鮮度與品質，每年堅持親至產地挑選食材，與在地小農及斗南農會合作，嚴選高山高麗菜搭配豬排；米飯選用日本品種在臺灣種植的越光米飯，烹煮後晶亮 Q 彈入口齒頰留香。

2. 炸豬排的油品更選用比一般市售炸油更高價的澳洲第一品牌的澳廚 auzure 非基改芥花油，通過 SGS 國家認證油煙極少冒煙點 242℃，富含單元不飽和脂肪酸 Omega-9，更遠赴澳洲實地勘查產地及製油廠確保品質。

鎖定核心客群行銷溝通

使用臺灣普及率最高的 Facebook 及 LINE@APP 應用程式功能，串連線上線下導回店鋪再消費，提升顧客對黏著度。

1. LINE@

   (1) 於 LINE@開設勝政豬排好友，規劃會員集點活動消費滿 500 元集 1 點，集滿 10 點贈 500 元電子折價券，提升顧客回店再消費。

   (2) 透過 LINE@系統功能訊息推播專屬優惠並於貼文串曝光介紹季節料理與設置優惠提升顧客對於品牌的喜好及黏著度。

2. Facebook 粉絲專頁

   設立勝政豬排粉絲專頁，透過臉書打卡活動推廣品牌知名度，透過貼文介紹品牌資訊、不定期發布優惠訊息，每月更新季節料理創造話題，吸引網友邀請好友追蹤美食活動。

3. 百貨資源

   (1) 不同百貨點其消費者樣貌與習性皆各有差異，都會型百貨—都會型主要針對中、上所得的消費者為客群，提供多元化、多品牌的商品，平日至假日集客力較高；區域型百貨—以周邊社區居民為主要客群，提供以家用品為主的商品，消費者以家庭客居多，假日集客力高。

   (2) 針對百貨區域屬性及客層樣貌不定期配合百貨檔期行銷活動，規劃專屬該百貨客層優惠，透過百貨行銷資源分眾溝通，逐步建立起該區域性的核心消費群。

(3) 擅用百貨實體資源於百貨公司電視牆、APP、LINE 好友曝光品牌商品資訊及優惠。

維持市場競爭優勢的行銷策略

　　服務品質方是創造消費者口碑及立於市場優勢的關鍵策略,從現場前檯帶位到廚房後場出餐餐點再至用完餐結帳,每項皆是重要的環節。

1. **現場服務:**自接待顧客到出餐服務,打破日本餐飲業界的定食出餐形式(一次將主食、小菜、湯等放在同一餐盤上出餐);從小菜、高麗菜沙拉到主餐、甜點,依序上桌,藉由分序上菜增加現場服務,拉近與顧客相處的距離,讓消費者感受花相同的價錢但獲得更多的服務。

2. **點餐出餐:**餐點的食材成本與硬體設備更是打造餐點品質的條件之一,僅餐飲食材 CP 值高,軟性的服務其 CP 值也較相同價位的日式料理更好,在消費者的心中呈現出與其他品牌的差異化。

習題 EXERCISE

( ) 1. 根據波仕特線上市調網(http://www.pollster.com.tw)調查結果發現，國人對於哪種料理的喜好度超過 60%以上？ (A)臺式料理 (B)泰式料理 (C)歐式料理 (D)日本料理。

( ) 2. 現在吃飯不再只是一種味覺上的享受，更是需要什麼加以輔助？ (A)價格 (B)服務品質 (C)口碑 (D)外在環境。

( ) 3. 餐廳好壞的評價已不再僅限於餐點本身，環境的裝潢、採光、餐點賣相以及何種因素，都納入評分標準？ (A)價位高低 (B)網路評價 (C)空間配置 (D)大眾觀感。

( ) 4. 近年臺灣消費者對有特色的正統餐廳也很感興趣。「有特色的產品＋何種價位的訴求＋空間提供」的定位，是這群新挑戰者最大的特色？ (A)中價位 (B)高價位 (C)低價位 (D)中低價位。

( ) 5. 自 2013 年引進日本靜岡指標性排隊名店「靜岡勝政日式豬排」以來，即以何種精神，體現日本豬排的完美境界？ (A)究極日式豬排 (B)頂級日式豬排 (C)高級日式豬排 (D)一級棒日式豬排。

( ) 6. 為呈現極致豬排的美味，採用先進豬肉熟成技法（即何種熟成肉品），提升肉質口感及鮮美度挑戰市場口碑？ (A)冷凍 (B)低溫烹調 (C)微真空 (D)自然。

( ) 7. 勝政日式豬排使用臺灣普及率最高的 FACEBOOK 及哪種應用程式功能，串連線上線下導回店鋪再消費，提升顧客對黏著度？ (A)GOOGLE (B)LINE@APP (C)MSN (D)PTT。

( ) 8. 什麼是創造消費者口碑及立於市場優勢的關鍵策略，從現場前檯帶位到廚房後場出餐餐點再至用完餐結帳，每項皆是重要的環節？ (A)價位高低 (B)服務品質 (C)網路評價 (D)大眾觀感。

( ) 9. 企業之行銷規劃及管理程序經由策略行銷規劃之觀念開始，逐步發展為企業經濟事業部門之經營使命，進而透過哪種分析，掌握有效之目標市場，並確立事業行銷目標？ (A)內外部環境分析 (B)線上分析 (C)統計分析 (D)交叉分析。

( ) 10. 如果企業在原有產業及原有規模下，審慎評估密集式成長策略，而無成長之機會時，可進一步考慮透過哪種策略來追求成長？ (A)開發 (B)維持 (C)整合 (D)評估。

解答：1.(D) 2.(D) 3.(C) 4.(A) 5.(A) 6.(C) 7.(B) 8.(B) 9.(A) 10.(C)

參考文獻　REFERENCES

胡政源，2004，《行銷研究》，初版二刷，新文京開發出版股份有限公司出版。

Dibb, S. (1998). Market segmentation: strategies for success. Marketing Intelligence & Planning, 16(7), 394-406.

Drucker, P. F. (1995). People and performance: The best of Peter Drucker on management. Routledge.

Drucker, P. F. (2011). The new realities. Transaction publishers.

Drucker, P. F., & Drucker, P. F. (1993). Managing for the Future. Routledge.

Huang, W., Chen, Y., & Hee, J. (2006). STP Technology: an overview and a conceptual framework. Information & management, 43(3), 263-270.

Jackson, T., & Shaw, D. (2008). Mastering fashion marketing. Palgrave Macmillan.

Kotler, P. (2012). Kotler on marketing. Simon and Schuster.

Kotler, P. (2012). Rethinking marketing: Sustainable marketing enterprise in Asia. FT Press.

Lilien, G. L., Rangaswamy, A., & De Bruyn, A. (2013). Principles of marketing engineering. DecisionPro.

Moore, K., & Pareek, N. (2009). Marketing: the basics. Routledge.

Van Der Aalst, W. M., Ter Hofstede, A. H., & Weske, M. (2003). Business process management: A survey. In Business process management (pp. 1-12). Springer Berlin Heidelberg.

Customer Relationship Management:
Create Relationship Value

顧客權益考量案例分享—迴游吧

4.1　關於顧客權益

　　主流的行銷觀念已經從大眾行銷轉換到關係行銷，因此企業開始重視企業與顧客個人關係的建立，前幾年前紅極一時的品牌權益觀念雖也造就了許多企業的成功，但是品牌權益所能解釋的產品卻十分有限。企業對於社會回應的態度，從前是以企業為中心，只是設法生產出好的產品銷售給大眾，卻不知道如此的做法並不能拉近顧客與企業之間的距離，而現在以顧客為中心的管理做法，將顧客視為企業的重要投資，企業的社會化型態已有重大的改變，企業如不將策略焦點轉移至管理導向做法，便無法繼續維持其企業獲利。

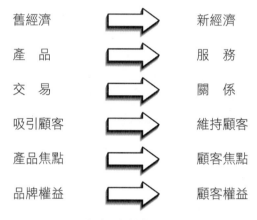

▲圖 4-1　新經濟的架構之長期趨勢

資料來源：Rust, R.T., Zeithaml, V.A., Lemon, K.N.(2000)

　　在新經濟的架構之下，從前以產品為導向的企業經營想法已經轉換到服務導向，現在的企業如果還只是將焦點放在生產產品上，其競爭力勢必大受打擊，顧客導向的時代，企業必須將其品牌權益導向的經營策略調至顧客權益導向的經營策略。

　　在新經濟時代中，行銷人員應該將重點擺在企業與顧客之間的關係，而不是交易的單一事件；關心顧客、在乎顧客，而不是只有單純地在意產品的銷售；維持舊往顧客，而不是一味地吸引新顧客，才是企業獲勝之道。而在市場趨勢的影響，當今的管理者變得十分重視對於關係行銷的落實，企業能不能有效率地管理顧客服務窗口，便成為一個企業成功與否的關鍵要素，因此企業必須在企業的營利目標與對顧客所投注的資源做一個良好的平衡，以保持住真正有價值的顧客。

　　品牌權益是個很好的理論，但光有品牌權益是不夠的，品牌權益將焦點擺在產品來吸引顧客，卻只能解釋買簡單選擇的產品，還有顧客只有低度涉入、產品品質

不容易衡量的情況，因此必須導入顧客權益的觀點，以加強顧客關係管理並提升企業獲利。

Rust Zeithaml Lemom(2001)認為企業應該由品牌權益觀點轉換到顧客權益觀點，因為品牌權益重視的是產品層次的獲利，而在新經濟的趨勢下，企業賣的東西已經從產品轉換到服務，意思就是，企業與顧客的關係從交易的接觸變成了關係接觸，因此吸引顧客已經不是企業的第一要務，而是設法留住顧客，企業的價值不再是其品牌，而是所擁有的顧客，因此顧客權益便成為企業最重要的核心議題。

品牌並不能直接為企業創造財富，透過顧客支持才得以建構價值，雖然現在品牌的管理蔚為風尚，但不可否認的，高度的品牌知名度只能維持顧客一部分的認同，但不一定會成為最有價值的品牌。

在顧客維持率大幅提升之後，企業的獲利便自然地增加了，因此，從增加滿意度到增加維持率，成了新經濟體系下行銷人員相當重要的課題，而顧客權益的建立與落實，對於顧客銷售相關領域的研究提供了一個全新的視野。

成熟的企業必須知道，行銷策略成功的關鍵就是將焦點放在顧客身上，只是不知道要如何才能做到以顧客為中心的策略，如今，顧客權益的出現便是要幫助企業更加了解、管理並維持舊有的顧客，積極爭取新顧客，將顧客視為一項重要資產，以審慎的觀念以及態度加以管理。

例如：四海遊龍自詡是外食消費者的守護神，能有如此自信是因為採購團隊與中央工廠團隊投入高額成本，從前端維護食材原味與安全。蔬菜部分如高麗菜（韭黃、白韭菜），除了親至雲林產地契作外，更採取相對高成本的冷鏈運輸，使契作來源固定並通過二段藥殘查驗，目前亦協助農民導入產銷履歷與產地溯源驗證。此外，為取得豬肉後腿肉部位，採購價格相對高的 CAS 臺灣優良農產品驗證冷藏商品。四海遊龍陳建宏總經理表示，這些成本是企業願意投入的，這是對所有顧客的承諾，也是保持有價格的顧客之基礎。

▲圖 4-2　工廠食品製程作業

資料來源：四海遊龍提供

4.2　顧客與權益的定義

所謂顧客(Customer)，就是購買產品或服務的人員或單位。所謂權益(Equity)，是財務會計上的名詞，在資產負債表上，權益＝資產－負債，就是一件物品在負債減去後所剩下來的價值。

4.3　顧客權益面的考量因素

顧客權益的驅動因子為顧客獲得與顧客維持兩項。

其中，顧客獲得的定義為：從獲得交易的觀點來看，認為顧客獲得的終點是顧客的第一次購買；從獲得過程的觀點來看，認為包含第一次購買和其他非購買的接觸，直到顧客重複購買。

4.4　顧客維持的觀點

從顧客獲得的過程觀點來看，認為顧客維持的定義為：顧客維持起始於顧客的第一次重複購買，持續到顧客終止與企業的關係。從獲得與維持二個因素分述說明：

一、顧客獲得之相關影響因素

與顧客獲得有關的因素分別為：顧客獲得比率、每一顧客獲得成本及公司行銷促銷費用等，例如：廣告費用、贈品、優惠方案等等。如廣告中的 Unilever（聯合利華）旗下任一沐浴乳、洗面乳與洗髮乳，免費提供給消費者試用包，為的就是獲得新顧客。

▲圖 4-3　聯合利華利用「顧客獲得」為旗下其他品牌獲得新顧客

二、顧客維持之相關影響因素

與顧客維持有關的因素分別為：顧客維持比率、每一顧客維持成本、企業的獎勵顧客方案所花費的費用等。

與品牌權益有關的因素分別為：對品牌的客觀評價（例如：品質、價格和便利性等）。

與對品牌的主觀評價（例如：品牌意識及對品牌的價格）。

與關係權益有關的因素主要為顧客對品牌的忠實程度。

4.5 品牌權益與顧客權益

現今的社會，大部分的行銷功能都將大部分的資源投資在產品線上，如此並不能滿足顧客真正的需要，企業應該加入顧客權益管理的原因有以下三點：

1. 行銷人員以資產基礎觀點看待顧客，比將重點擺在產品、品牌以及交易事項的人有更佳的決策能力。

2. 現今的高科技讓精確計算顧客權益的想法成真，企業也能有效率地獲取並且分析資訊。

3. 市場狀況不停地變化，如果有衡量顧客權益的機制，並能掌握更多、更即時的資訊，與顧客更好、更頻繁的溝通，如此會幫助企業了解並管理顧客動態生命週期的價值所在。

將顧客視為企業最重要的資產以及將品牌視為企業最重要的資產，有很顯著的差異，雖然這兩個觀念並不是不相容的，但卻有截然不同的目的，以品牌為導向的觀念對於行銷活動有清楚的目標，而這目標就是：極大化品牌所帶來的獲利，並對品牌的投資做出最大的收益，而顧客權益是將重點擺在公司整個未來對於產品以及服務的淨收益。

📋 表 4-1　品牌權益與顧客權益之比較

行銷活動	品牌權益	顧客權益
產品及服務品質	增加顧客對品牌的喜好程度	增加顧客維持的比率
廣告	創造品牌形象及其在顧客心中的地位	增加顧客的認同及親近感
促銷	用盡顧客心中的品牌權益	增加再購以及顧客終身價值
產品研發	利用品牌名稱創造相關產品	製造顧客所想要的產品

表 4-1　品牌權益與顧客權益之比較（續）

行銷活動	品牌權益	顧客權益
市場區隔	用顧客屬性及利益區隔	以顧客行為資料庫來區隔
行銷通路	多層次行銷	直接行銷
顧客服務	加強品牌形象	增加顧客的認同及親近感

資料來源：Blattberg, R.C., Getz, G, Thomas, J.S.(2000)

　　品牌權益觀點將焦點擺在產品的品質，顧客服務是增加品牌認知價值的一個手段，企業試圖以廣告的方式增加品牌在顧客心中的地位，而害怕促銷會稀釋品牌的價值；而顧客權益的觀點將品質與服務的提供視為顧客維持的工具，廣告的訊息是為了增加顧客對企業的認同及親切感，促銷是為了增加再購的比率以及增加顧客的終身關係價值，新產品的研發是為了增加對於既有顧客的交叉銷售。

4.6　品牌權益（顧客權益）

　　品牌有三項重要的角色：

1. 品牌資產就像是磁鐵一樣，能夠吸引新顧客。

2. 品牌可以提醒顧客，讓顧客不要忘掉公司的產品和服務。

3. 品牌可以變成顧客對於公司情感上的聯繫。

　　Rust, Zeithaml, and Lemon(2001)的定義，品牌權益（顧客權益）就是顧客對於品牌主觀以及無形的評估。這個評估無法由一個企業客觀的特質所解釋，而是顧客對於品牌主觀的知覺，這些知覺通常是情緒性的、主觀的而且是不理性的，其來源包括：品牌知名度(Brand Awareness)、對於品牌的態度(Attitude toward the Brand)和企業道德(Corporate Ethics)，透過這三項品牌權益的衡量指標，企業便能了解其品牌對於顧客是否有足夠的吸引力。

　　Aaker(1995)定義，品牌權益是連結品牌、品名和符號的一個資產及負債的組合，可能增加或減少該產品或服務對於公司和顧客的價值，如果品牌名稱或品牌符號消失不見，其所連結的資產和負債便可能受到影響或甚至消失，其來源包括品牌忠誠度、品牌知名度、知覺品質、品牌聯想、其他專屬的品牌資產。

4.7　價值權益（顧客價值）

依據 Rust, Zeithaml, and Lemon(2001)的定義，價值權益（顧客價值）就是顧客對於品牌實用性的客觀評估。對於所有的顧客，價值的知覺決定了他們的決策，這些知覺是主觀的、可以辨識的而且是理性的，研究指出，其中包括了品質、價格和便利性，品質代表了企業對於其產品控制在實體及非實體的觀點，價格則可視為顧客為了購買產品所必須放棄的價值，便利性就是企業減少顧客時間成本、搜尋成本的舉動，由品質、價格以及便利性更能清楚的衡量一個企業對於顧客的價值權益的多寡。

4.8　關係權益（顧客關係管理）

顧客權益就是衡量顧客是否願意選擇與某一個企業有交易的往來，依據 Rust, Zeithaml, and Lemon(2001)的定義，關係權益（顧客關係管理）就是顧客主觀及客觀地評估品牌之後，願意繼續使用的傾向。一個企業如果只擁有優良的產品和吸引顧客的品牌，對於新經濟的市場卻是不夠的，企業必須想出一套方法將顧客與企業緊密地結合在一起，企業加強關係權益的手段如下：忠誠度計畫、特別的對待、認同計畫、社群建立計畫、知識建立計畫。

Rust, Zeithaml, and Lemon(2000)的顧客權益相關變數定義內容如表 4-2：

表 4-2　顧客權益相關變數定義

變數	定義
價值權益	顧客對於品牌實用性的客觀評估
品質	在企業的控制之下，顧客對於產品或服務的提供，實體或非實體的主觀觀點
價格	顧客為了得到產品或服務所放棄的價值
便利性	為企業的行動，幫助顧客減少時間成本、搜尋成本以及交易所花的努力
品牌權益	顧客對於品牌主觀和無形的評估
品牌忠誠度	顧客對品牌不願意轉換的程度
品牌知名度	使品牌進入消費者考慮組合
知覺品質	顧客對於品牌直覺品質的想法，此想法會直接影響購買決策
品牌聯想	幫助顧客處理資訊並協助品牌定位，也是品牌延伸的基礎
其他專屬品牌資產	專利、商標、通路關係等
關係權益	顧客主觀及客觀地評估品牌之後，願意繼續使用的傾向

📑 表 4-2　顧客權益相關變數定義（續）

變數	定義			
忠誠度計畫	為企業的行動，在顧客有特定的行為後給予實體的利益			
特殊的辨識與對待	為企業的行動，在顧客有特定的行為後給予非實體的利益			
認同計畫	創造企業與顧客之間強烈的情感連結，並連結至顧客生活中的重要議題			
社群建立計畫	將本質相近的顧客凝聚成一個社群以加強企業與顧客之間的關係			
知識建立計畫	創造顧客與企業間結構化的連結，使得顧客不願意轉換到其他的產品及服務提供者			
顧客權益 Customer Equity	價值權益 Value Equity	品質	Quality	
		價格	Price	
		便利性	Convenience	
	品牌權益 Brand Equity	品牌忠誠度	Brand Loyalty	
		品牌知名度	Brand Awareness	
		知覺品質	Perceived Quality	
		品牌聯想	Brand Association	
	關係權益 Relationship Equity	忠誠度計畫	Loyalty Program	
		特別的對待	Special Recognition and Treatment	
		認同計畫	Affinity Program	
		社群建立計畫	Community-building Program	
		知識建立計畫	Knowledge-building Program	

資料來源：Rust, R.T., Zeithaml, V.A., Lemon, K.N.(2000)

4.9　顧客權益的衡量焦點

　　Rust, Zeithaml, and Lemon(2000)認為各個產業對於顧客權益的衡量標準都不同，在某些產業，價值權益是影響顧客最重要的因素，在其他的產業品牌權益或關係權益卻又是最重要的衡量標準，因此企業必須對影響企業獲利的所有條件加以衡量，以找出關鍵重大的因素，而積極加以管理。例如一個企業認為市場占有率與顧客權益是影響公司事關重大的兩個指標，如此便可畫出圖 4-4。

在此例，顧客權益中價值權益所占比重最大，因必須對價值權益加強管理。而在價值權益中，品質又是較為重要的部分，因此企業在生產產品或提供服務時應該特別加強品質的管理，而事實上每一個產業重要的部分不盡相同，因此各產業必須各自衡量其重點指標以加強之，才能獲得顧客權益中最大的效果。

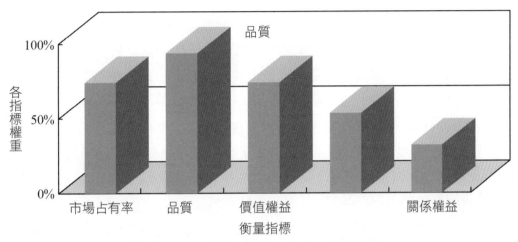

▲圖 4-4　價值權益中，品質又較為重要

4.10　顧客權益的利益

顧客選擇與一間企業往來有以下原因：

1. 這間企業提供了較多、較好的價值。

2. 這間企業的品牌比較有名，令人信任。

3. 轉換到別間公司太費時費力，因此選擇繼續在這間企業購買產品或服務。

顧客心中的想法隨著時間與一些客觀及主觀因素變化，而顧客權益正是一個可以診斷顧客心中真正想法的架構。

Blattberg, Getz and Thomas(2000)認為，實施顧客權益為行銷系統的企業體系可以獲得巨大的利益，因為顧客權益有以下五種好處：

1. 精確計算顧客資產的價值，幫助決定顧客取得、顧客維持和交叉銷售的決策。

2. 將顧客關係的眼界提升至顧客動態生命週期，以調整行銷投資的水準。

3. 形成顧客取得、顧客維持和交叉銷售的工作流程以便在顧客生命週期中獲取最大的利益。

4. 將顧客定義在廣泛購買企業所有產品及服務的所有顧客。

5. 運用各種與顧客互動的機制以加強顧客關係以及取得更多的新客戶。

4.11 顧客權益實施的六大步驟

Rust, Zeithaml, and Lemon(2001)設計了一個新的策略架構－「顧客權益診斷」(Customer Equity Diagnostic)，這個新的架構能讓管理者決定對於顧客而言什麼是最重要的，而企業可以據此加強關鍵性能力並隱藏缺點，顧客權益的概念是行銷及企業策略的新概念，將顧客、策略及顧客價值的概念深植於企業內部。

對於多數的企業，顧客權益是企業長期經營中最重要的關鍵點，雖然顧客權益並不能代表企業的整體價值（因為還包括了實體資產、智慧資產、研究發展能力等），但是一個企業目前擁有的顧客卻是決定未來收入與獲利的最大保證，因此顧客權益應該成為行銷策略的焦點。

因為科技的進步使得顧客權益管理得以實行，其中可分為以下四部分：

1. 資訊蒐集技術的進步。

2. 低成本的溝通管道。

3. 複雜統計模型的可行性。

4. 彈性的修改技術。

由於科技的幫助，顧客權益的管理得以實現，因為顧客權益的管理仰賴許多顧客購買資訊資料庫的計算與邏輯運算，而現今技術的進步與價格的減低，連小公司也能擁有一個顧客權益的系統。

顧客資產實驗觀念是由 Blattberg and Deighton(1996)所提出的，他認為企業應該由品牌管理的框框中跳出，開始重視顧客管理以增強行銷所做努力的成果，他們設計出一套數學的方程式，用他們的「決策計算」方法，將原本的策略焦點轉換至顧客關係焦點，經由他們的發現，認為行銷經理應該將焦點擺在前 20% 的重度使用者，和他們所受到的服務的提升。

Step1：先投資高價值的顧客。

Step2：將產品管理轉換成顧客管理。

Step3：考慮交叉銷售對顧客權益的影響。

Step4：以行銷計畫追蹤調查顧客權益的增加與減少。

Step5：監控顧客的保留情況。

Step6：分辨行銷成果中「取得」及「維持」的比率。

在服務業行銷的領域，企業的名稱就是品牌，而口碑更是重要的行銷工具，但是如果企業長期仰賴新顧客及新市場的話，在減少顧客取得支出的同時可能會造成短期業務的損失，所以企業在轉換取得成本與維持成本的同時必將經歷一斷陣痛期，在維持顧客穩定後，獲利才能開始穩定。成功的行銷計畫必須配合顧客的終身價值，而監控顧客則是要了解一個顧客在多久的時間之內會需要企業的服務和產品，企業以此資訊生產並將產品或服務銷售出去。

▶▶▶ 洄游吧

　　以美食著稱的臺灣，常聽到的批評是「臺灣只有海鮮文化、沒有海洋文化」，但位於花蓮七星潭遊客服務中心二樓的「洄遊吧 FISH BAR 食魚體驗館」，不只關注海鮮文化，更關心海洋文化。他們透過食魚教育的發展，要告訴大家臺灣的海洋文化不等同只有海鮮文化，背後更有深厚的海洋人文底蘊。

　　《洄遊吧 FISH BAR》創辦人黃紋綺，畢業於國立中山大學海洋環境及工程學系，喜歡海洋，從小便跟海洋擁有深厚的連結，畢業後更進一步將所學與生活經驗結合，選擇回到花蓮創業，希望透過「漁業」這種日常生活中最接近海洋的媒介，串連人和海洋的關係，與傳統漁業合作再創生，提供新式食用野生漁獲的服務，重新喚起人們對海洋資源的珍惜與保育，一起洄遊海洋。

　　黃紋綺創辦的「洄遊吧有限公司」成立於 2016 年，是全臺第一個將「食魚教育」概念結合生鮮水產、體驗活動、文創商品及知識平臺的社會企業，透過整合學術及業界知識及能力，提供正確的海洋教育、漁業專業知識及技能。

▲圖 4-5　「洄遊吧」產品包裝

　　「洄遊吧」結合了一群喜歡海洋的花蓮在地青年，這群年輕人具備海洋專業知識、環境教育、活動行銷及規劃、產品開發及設計、數位科技導入等專長，與七星潭與當地定置漁場、觀光遊憩業者、教育單位及環保團體、七星潭社區合作，提

供「洄遊鮮撈」、「洄遊新知」和「洄遊潮體驗」三個面向的服務，販售永續海鮮真空冷凍漁獲，分享海洋、魚類與漁業的相關知識，帶領七星潭漁業體驗遊程。

▲圖 4-6　洄遊鮮撈─食魚教育互動教材（左）；洄遊鮮撈料理（右）

　　為什麼會選擇七星潭？黃紋綺說，她的外公在花蓮七星潭經營定置漁場，因為這樣的地緣關係，從小對海洋就有獨特的情感。雖然生長在臺北，但她小時候最期待放假，因為可以跟隨母親回到七星潭戲水玩石。她經常看著叔叔伯伯們開著船在定置漁場內捕魚，到了下午再看小漁船到岸邊「衝浪」接魚。

　　對她來說，七星潭大海是她的療癒忘憂解。因此她選讀中山大學海洋環境及工程學系嘗試了解海洋，畢業後更為此當了三年的研究助理。但後來相較於從事海洋相關的學術研究，她發現自己更熱愛實作，因此選在七星潭走上地方創生之路。

　　黃紋綺說，「回花蓮創業前，我已經寫滿了厚厚一本計畫書，把曾經學過的研究加上對自己熱愛七星潭的未來發展寫得透徹。」因此她經常追著經營定置漁場的舅舅詢問、觀察且提出問題，更到魚市場蹲點，從魚販第一現場學殺魚、學魚的知識。她覺得，這些巷仔內的魚販與客人，根本是藏於市場民間的魚類教授。

　　她也主動加入花蓮的「黑潮海洋文化基金會」，練習如何從海洋的第一線扎根推動海洋教育，並在這裡遇到了有類似想法的夥伴志同道合，選在 2016 年 28 歲時，在七星潭畔成立「洄遊吧 FISH BAR」。

　　她們將「從大海到餐桌」海洋資源發展成為永續利用的食魚教育，以及如何料理出食魚原味的海鮮。海廢創作也成為重要一環，可從海洋廢棄物省視人們與海洋互動的問題。

　　除了透過實際感受、吃魚摸魚來改變海洋認知，洄遊吧也強調，在對的季節吃對的魚種，是友善環境的食魚方式，因此「洄遊鮮撈」水產品也將食魚教育內容融入產品供應鏈設計。他們結合在地幾家定置漁場提供穩定的洄游魚種漁貨，處理

完善後冷凍包裝出貨。選物上，她們針對定置漁法被動式且無投放飼料所捕捉洄游魚類特性，只篩選一定體長大小、已達性成熟之鮮魚販售，冷凍外包裝也有詳細「身分證」與料理輔助說明，提升食魚的價值。

▲圖 4-7 食魚體驗館（左）；食魚教育課程（右）

所謂的「身分證」，就是每一片、每一隻魚都擁有自己單獨的「專屬溯源標籤」，包裝上面載明清楚的明確產地、明確魚種來源，並且教消費者掃描 QR Code 進去專屬身分證網頁後，可以清楚知道溯源記載、甚至烹調方式。這些細節雖然繁鎖，但都是「洄遊吧」想讓所有食魚者能更有意識地吃下每一口產地到餐桌的保證。

目前「洄遊鮮撈」已與花蓮在地定置漁場業者合作，販售通路包含自有平臺、電商平臺、餐廳，精選來自臺灣東部花蓮海域的野生漁獲，從產地的捕獲、處理、真空包裝到低溫冷凍，在 24 小時內完成，留住最新鮮的美味。產品也選擇符合「臺灣海鮮指南」綠燈及黃燈的野生洄游魚種。在加工的部份，以「鰹魚全魚利用」概念，開發出全世界及臺灣第一款「鰹魚魚鬆」及「鰹魚琴酒」，以創新的方式，呈現花蓮七星潭鰹魚文化及漁業產業。

圖 4-8 鰹魚魚鬆（左）；鰹魚琴酒（右）

　　「洄遊吧」在環境教育人才培力與觀念推廣上亦不遺餘力。「洄遊潮體驗」積極辦理花蓮七星潭食魚教育產地體驗行程（海陸雙遊）、都會區食魚教育料理課程，都希望喚起民眾認識臺灣海岸環境，並身體力行淨灘愛護海洋，同時也讓遊客深度認識花蓮七星潭的全新體驗活動。她們努力的成果，也讓洄遊吧經營的食魚體驗館獲得花蓮縣環保局頒發的「環境教育設施場所」認證，成為全臺灣第一個以「食魚教育」為主題的環境教育場域。

▲圖 4-9　食魚教育互動文創商品

　　透過洄遊「潮體驗」、洄遊「鮮撈」、洄遊「新知」這三大面向，「洄遊吧」邀請民眾實際到魚的產地，看漁人、參與捕撈、逛魚市，豔陽下體驗「討海人」的生活，感受漁村風貌，與在地深度互動，同時也將學術知識與海洋教育結合，推廣在地友善捕撈魚法，讓永續的觀念持續擴大、創造影響。能夠將食魚教育寓教於樂，就如同「洄遊吧」取名的宗旨，希望每個人能像魚一樣，洄游到臺灣周邊海域，以遊玩的方式，重新認識海洋。

( ) 1. 黃紋綺創辦的「洄遊吧有限公司」成立於 2016 年，是全臺第一個將何種概念結合生鮮水產、體驗活動、文創商品及知識平臺的社會企業？　(A)釣魚技術　(B)煎魚技巧　(C)食魚教育　(D)速食理念。

( ) 2. 「洄遊吧」結合了一群喜歡海洋的花蓮在地青年，提供「洄遊鮮撈」、「洄遊新知」和何者三個面向的服務，帶領七星潭漁業體驗遊程？　(A)「食魚教育」　(B)「洄遊教育」　(C)「洄遊潮體驗」　(D)「洄遊理念」。

( ) 3. 「洄遊吧」在選物上只篩選一定體長大小、已達性成熟之鮮魚販售，冷凍外包裝也有詳細的哪種證明與料理輔助說明，提升食魚的價值？　(A)出生證明　(B)身分證　(C)產地證明　(D)來源證明。

( ) 4. 在新經濟的架構之下，從前以產品為導向的企業經營想法已經轉換到：　(A)利潤導向　(B)價值導向　(C)顧客導向　(D)服務導向。

( ) 5. 企業應該由品牌權益觀點轉換到何種觀點，因為品牌權益重視的是產品層次的獲利？　(A)企業利潤　(B)生產效率　(C)員工權益　(D)顧客權益。

( ) 6. 企業的價值不再是其品牌，而是所擁有的顧客，因此何者便成為企業最重要的核心議題？　(A)顧客觀感　(B)顧客權益　(C)顧客服務　(D)顧客導向。

( ) 7. 成熟的企業都熟知行銷策略成功的關鍵就是將焦點放在誰的身上，只是諸多主管不知道要如何才能做到以此為中心的策略？　(A)顧客　(B)員工　(C)部落客　(D)祕密試吃客。

( ) 8. 大部分的企業行銷功能都將大部分的資源投資在哪裡，如此並不能滿足顧客真正的需要，企業應該加入顧客權益管理？　(A)產品線　(B)員工　(C)企業本身　(D)經營者。

( ) 9. 品牌權益觀點將焦點擺在產品的品質，什麼是增加品牌認知價值的一個手段？　(A)顧客權益　(B)顧客觀感　(C)顧客導向　(D)顧客服務。

( ) 10. 對於多數的企業，何者是企業長期經營中最重要的關鍵點？　(A)員工權益　(B)顧客權益　(C)顧客服務　(D)員工立場。

解答：1.(C)　2.(C)　3.(B)　4.(D)　5.(D)　6.(B)　7.(A)　8.(A)　9.(D)　10.(B)

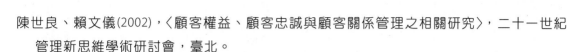

參考文獻　REFERENCES

陳世良、賴文儀(2002)，〈顧客權益、顧客忠誠與顧客關係管理之相關研究〉，二十一世紀
　　管理新思維學術研討會，臺北。

衡南陽著(2001)，《新顧客滿意學 e 世紀的成功之道》，商兆文化股份有限公司出版。

羅文坤、莊雅萌、黃建新著(1995)，《Q&A 企業 CS》，商兆文化股份有限公司出版。

Aaker D.A(1991), Managing Brand Equity, Free Press.

Aaker D.A(1996), Building Strong Brand, New York, The Free Press.

Aaker,D.A(1995), Managing Brand Equity. NY： The Free Press.

Anderson, E. W. and Sullivan, M.W., "The Antecedents and Consequence of Customer Satisfaction
　　for Firms," Marketing Science, Vol.12, spring 1993

Anderson, Rolph, E.(1996).Personal Selling and Sales Management in the New Millenium, Journal
　　of Personal Selling and Sales Management, 76(11/12), 5-15.

Berger,P. D.,Bechwati, N.N.(2001). The allocation of promostion budget to maximize Customer
　　equity, Omega, 29(1), 49-61, Oxford.

Blattberg, R.C., Getz, G., Thomas, J.S.(2000).Customer Equity： Building and Managing Relationships As
　　Valuable Assets, Boston, Harvard Bussiness School Press.

Blattberg.R.C., Deighton, J.(1996).Manage marketing by the customer equity test, Harvard
　　Business Review, 74(4), 136-144.

Czinkota, M.R., Mercer, D.(1997).Marketing Management： Text & Cases, Cambridge, MA：
　　Blackwell Publishers, Ine.

Disk, Alan S and Basu Kunal(1994),"Customer loyalty： Toward an tntegrated conceptual
　　framework" Journal of the Academy of Marketin Science,v22(2),99-113

Dorsch, M., and Carlson, L.(1996).A transaction approach to understanding and managing
　　customer equity, Joumal of Research, 35(3), 253-265, New York.

Dorsch, M., Carlson, L., Raymond, M.A., Ranson, R.(2001).Customer equity management and
　　strategic choices for sales managers, The Joumal of Personal Selling & Sales Management,
　　21(2), 157-166.

Gordon. R M.(2000).Driving Customer Equity, Marketing Management： 9(3), 62-63, Chicago.

Griffin J.(1997),"Customer Loyalty How to Eam It, How to keep It", Lexington Book, NY.

Jacoby,kyner and David B.(1973).Brand Loyalty vs.Repeat Purchasing Behavior Journal of Marketing Reasearch,1-9

Kidd, P M.(2000).Driving Customer Equity： How customer lifetime value is reshaping corporate strategy, Joumal of Advertising Research, 40(5), 54-56, New York.

Maas, J.(2000).Driving Customer Equity： How Lifetime Customer Value Is Reshaping Corporate Strategy, Sloan Management Review, 41(4), 106-107, Cambridge.

Mittal, V.(2001).Driving Customer Equity： Customer Lifetime Value Is Reshaping Corporate Strategy. Joumal of Marketing, 65(2), 107-109, New York.

Pitt, L.F., Ewing, M.T., Berthon, P.(2000).Tuming competitive advantage into customer Equity, Business Horizons, 43(5), 11-18.

Raphel,N and Raphel,M.(1995),Loyalty Ladder, Harper Collins Publishers Inc.

Reichheld F.F and W.E Sasser , Zero defections： Quality comes to services, Harvard Business Review(1990)Sept-Oct , P105-111.

Rust, R.T., Zeithaml, V.A., Lemon, K.N.(2000).Driving Customer Equity： How Customer Lifetime Value Is Reshaping Corporate Strategy, New York, The Free Press.

Rust, R.T., Zeithaml, V.A., Lemon, K.N.(2001).What drives customer equity, Marketing, Management, 10(1), 20-25, Chicago.

Stewart, T.A.(1995).After All You've Done for Your Customers, Why Are They Still Not Happy?, Fortune, December 11, 178-182.

Weitz, B.A., Bradford, K.D.(1999).Personal Selling and Sales Management： A Relationship Marketing Perspective, Joumal of the Academy of Marketing Science, 27(Spring), 241-254.

Wilson, D.T.(2000).Deep Relationships： The Case of the Vanishing Salesperson, Joumal of Personal Selling and Sales Management, Winter, 53-61.

Wortman, S.(1998).Measure marketing efforts with customer equity test, Marketing News, 32(11),7-18, Chicago.

Zeithaml, Valarie A.(1988).Consumer Perceptions of Price, Quality and Value： A Means-End Model and Synthesis of Evidence, Journal of Marketing, 52(7),2-22

顧客品牌管理
案例分享—全家
便利商店

5.1　關於顧客與品牌

　　顧客關係管理之顧客區分為企業對企業(B to B)以及企業對顧客（消費者）(B to C)兩類，企業對消費者(B to C)之關係為顧客（消費者）與品牌之關係，本文稱為顧客（消費者）品牌關係。

　　顧客關係管理(Customer Relationship Management, CRM)是指企業為了獲取新顧客、鞏固既有顧客，以及增進顧客利潤貢獻度，而透過不斷地溝通，以了解並影響顧客行為的方法。顧客關係管理主要目標仍在於即時滿足客戶需求、提高客戶滿意度、與客戶建立長期良好的關係及增加營業利潤。故顧客（消費者）品牌關係也是品牌關係行銷管理。

　　品牌關係行銷(Brand Relationship Marketing)是行銷營運重點，而品牌之建構必須發展(Developing)、防禦(Defending)、增強(Strengthening)與持續(Enduring)具有利潤的品牌關係，並以品牌關係策略進行顧客維持與保留，以取代傳統之顧客吸引活動。

　　由於顧客使用品牌時，會加入個人的情感因素而產生一些主觀的看法，某些顧客甚至會誇張品牌間的真正差異，除了因為信賴較熟悉的品牌之外，也因此類顧客與品牌已經建立獨特的品牌關係，緊密的品牌關係，對顧客忠誠度的提升有所助益。

　　因此，品牌不只是無所不在、隨處可見，以及具有各種功能，更以感性訴求與人們的日常生活有著密切的連結，唯有當產品、服務和顧客激發出感性的對話，品牌才由此衍生。

5.2　建構強勢品牌的困難

　　雖然隨著顧客資料倉儲與顧客資料挖掘等知識管理技術的應用，客戶關係規劃成為顧客關係管理的核心，顧客與品牌之關係管理亦日益重要，實務界常採行顧客資料庫行銷、會員俱樂部等方式，試圖加強顧客與其品牌的關係，但少有企業主動檢視其顧客與品牌呈現的互動關係。

　　Aaker 曾研究如何建構強勢品牌，認為有八項因素使得建立強勢品牌（具有高量品牌權益者）甚為困難：

1. 價格競爭壓力。

2. 競爭者激增。

3. 市場與中介者零碎化。

4. 品牌策略與品牌關係甚為複雜。

5. 改變識別與執行之誘惑。

6. 組織抗拒創新之偏見。

7. 其他投資壓力。

8. 短期績效壓力。

5.3 由顧客創造品牌價值

Stern & Barton(1997)亦指出，欲建立顧客關係以創造品牌附加價值，首先應考量顧客導向，依顧客區隔徹底地了解顧客價值；而資料庫科技則應槓桿應用於：

1. 了解個別顧客需求。

2. 個別化行銷溝通及推廣。

3. 與高價值之顧客建立有意義之關係。

品牌不只是製造商之產品，也是服務提供者及零售商之有效溝通工具，欲建立顧客導向之品牌附加價值，應發展「吾亦是」(Me-Too)產品，與並顧客需求及生活型態進行最佳契合，而資料庫行銷可透過顧客資訊與知識，強化顧客與品牌之關係，以使企業獲得長期利益。品牌權益結合(Coalition for Brand Equity)可使行銷者重新聚焦於品牌建立，以防品牌權益日益衰弱。

Brandt(1998)指出品牌關係是顧客與品牌雙向的忠誠度，品牌關係必須管理產品本身特質與無形情感個性（如尊敬、一致、誠實），以協助品牌對客戶忠誠；若將產品功能特質與情感性品牌識別特質加以整合，可以給予顧客品牌連結之動機，故企業必須強烈承諾與顧客建立品牌關係，而最強勢的行銷槓桿來自於品牌忠誠顧客。

5.4 顧客（消費者）品牌關係之意涵

萬物有靈論(Gilmore (1919); McDugall (1911); Nida and smaller (1959); Tylor (1874))認為在實體世界為了幫助互動，對所存在的感覺需要賦與對象人性，故在考慮品牌時應視品牌為有自我個性的人。品牌與顧客（消費者）的關係就和兩群人的關係一樣，皆由認知、情感與行為程序所構成。因此品質能預測人際關係間的穩定與滿意度。

Blackston(1993)亦指出顧客或為了連接他們自己關係的觀點而假定品牌的想法。其還發現凡是成功受肯定的品牌關係皆具有兩要素，一為對品牌的信任，二為品牌的顧客的滿意度。

　　Blackston(1993)更指出，有關企業品牌的研究已再次證明，顧客會和企業品牌形成一種單一整合的關係，這種關係會深入並影響個人和企業間的每個接觸點。其亦主張當顧客與企業品牌有很強、很認同的關係時，即使這個品牌出現一個不理想的商品或服務，顧客在某種層度內還可以勉強接受。

　　Blackston(1993)認為，品牌關係是顧客與品牌互動的過程。品牌與顧客（消費者）的關係可以類推為兩個人之間的關係，這個關係概念的定義是顧客（消費者）對於品牌的態度，並藉此推論其關係特質，經由複雜的認知、感情與行為過程來構成兩人間的關係。發展一個成功的顧客（消費者）品牌關係主要取決於顧客（消費者）對品牌態度的知覺，同時也是這些知覺才使品牌的態度更有意義。

　　Blackston(1995)曾對品牌權益之質性構面進行研究，將品牌權益區分為品牌價值與品牌意義(Brand Value and Brand Meaning)，而品牌意義是品牌權益之質性構面(Qualitative Dimension)；認為企業若改變品牌意義即改變品牌價值，故品牌關係由品牌形象（客觀品牌）及品牌態度（主觀品牌）兩構面形成。

　　Aaker(1996)認為品牌與顧客（消費者）間應該也存著某些關係，而品牌個性也會與顧客（消費者）個性相互衝突與互動，因此產生了品牌關係的說法；並且建立與維持品牌關係得以創造顧客忠誠度，進而增加該品牌的價值。

　　Aaker(1997)另主張顧客（消費者）能無困難且把人格特性一致性地歸於無生命的品牌對象；有二個因素會影響個人與品牌的關係：

1. 介於擬人化品牌與顧客間的關係，如兩人之間的關係。
2. 品牌個性使品牌呈現出某種型態的人性，而賦予關係深度，感覺與嗜好。

　　Fournier(1998)認為品牌關係是產品屬性、個性與顧客（消費者）個性間彼此相容，因為顧客（消費者）選擇該品牌不只是滿足生活上需求，更重要的是使生活更有意義。品牌忠誠度會隨著品牌與顧客間的關係密切而增加。

5.5 ▶ 賦予品牌生命象徵

　　Fouruier(1998)認為品牌關係是當顧客（消費者）接受品牌擬人化廣告賦予產品生命象徵時，表示其願意將品牌視為關係伙伴的一員。將品牌賦予生命象徵的來源有：

1. **產品代言人**：產品代言人個性可能與所要廣告的品牌相當契合，則能加強品牌的聯想，產品代言人是有效的，因他們可以藉由產品使用以傳遞背書人的精神。

2. **擬人化**：將人的情感、想法與意志力轉移到品牌身上。

3. **伙伴關係**：每天執行的行銷組合決策即代表品牌行為，而此成為與顧客建立關係的基礎。

　　Duncan and Moriarty(1999)提出，當緊密的品牌關係建立起來之後，企業所得到的利益將絕不止重複銷售，最大的好處在於可以加強顧客的穩定性和提高顧客終身價值，而維持顧客群的穩定性則可以幫助建立品牌忠誠度。

　　Larry(1993)的觀察亦指出，未來行銷重點是品牌關係行銷，而品牌之建構必須發展、防禦、增強與持續具有利潤的品牌關係，並以品牌關係策略進行顧客維持與保留，用以取代傳統的顧客吸引活動。

　　歐美的關係交換理論相關文獻中，約可分為「結構模式」與「過程模式」。結構模式以關係結構與交換關係為主，希望建立起結構因素與關係型態間的聯繫，了解在什麼樣的關係結構下會產生什麼樣的關係型態。「過程模式」則著重於關係的形成、維持與發展的生命週期過程之研究，屬於縱斷面的研究。

5.6　建構品牌權益

　　Keller(2001)亦進入品牌關係與品牌權益關聯性之相關研究，顧客基礎之品牌權益模式(the Customer-Based Brand Equity Model, CBBE)，其中詳細論述品牌關係與建構品牌權益之步驟與關聯性，Keller 主張四個步驟以建構強勢品牌：

1. 建立適當的品牌識別。

2. 創造合適的品牌意義。

3. 導引正確的品牌回應。

4. 建構合適的顧客品牌關係。

5.7　建構顧客認知品牌重點

　　Keller(2001)並提出與顧客進行品牌關係建構之六個區塊及重點，依序為品牌特點、品牌績效、品牌意象、品牌判斷、品牌情感與品牌共鳴。其中品牌共鳴(Brand Resonance)可以評量合適的顧客品牌關係，亦是品牌關係追求之目標，品牌

關係(Brand Relationships)是聚焦於顧客與品牌之關係，重視顧客個人之品牌識別水準。而品牌共鳴論述顧客與品牌關係之本質，以及顧客與品牌彼此是否同時感覺品牌關係發生於顧客與品牌之間；品牌共鳴之特性可由顧客與品牌心理聯結之深度及行為忠誠度引發活動數量之多少加以衡量，品牌共鳴可區分成：行為的忠誠度、態度的聯結度、共同體感覺程度、主動積極參與度等四種類屬。其均可表現品牌關係之強度。

5.8 顧客（消費者）品牌關係建立策略

針對顧客（消費者）品牌關係的建立策略，維持品牌關係的方法可以經由包裝、促銷與公關以建立品牌態度行為來維持他們的關係。其亦指出品牌關係的概念主要運用在發展廣告上，廣告是品牌藉由態度和行為進行和消費者聯繫的唯一途徑。

Duncan and Moriarty(1997)認為建立顧客（消費者）與品牌關係約有五種層次，如表 5-1：

表 5-1　品牌關係五種層次

認知	品牌進駐顧客的選擇名單上
認同	顧客樂於展示品牌
關係	顧客在購買商品時會與公司有所接觸
族群	顧客之間的交流
擁護	顧客推薦品牌給他人

5.9 建立強勢的顧客品牌關係

Schmitt(1999)建議行銷經理人可透過四個步驟來建立強勢的顧客（消費者）品牌關係：

1. 創造品牌獨特的個性與社會認同感。

2. 鼓勵人們使用該品牌。

3. 說明人們成為該品牌的使用者，將會獲得更好的體驗感受。

4. 證明顧客（消費者）購買該品牌後，真的可以體驗到期待的感覺。

5.10 ● 建立顧客的偏好

　　Alreck and Settle(1999)認為建立良好的品牌關係就必須建立顧客（消費者）的偏好，可以採用需求聯想、內心(mood)聯想、激發潛意識、行為調整、認知的程序與典範的模仿等六個方法，其定義與適合的行銷組合如表 5-2 所示。

表 5-2　建立品牌偏好的策略與適合的行銷組合

	定義	做法
需求聯想	當顧客（消費者）需要時就會聯想到該品牌，所以在強調該品牌的特性或個性時，要採用簡單的訊息且長期持續重複	產品：經常性採用與例行使用 定價：相對較低價，價格具競爭性 通路：大量、容易取得，設點以便利為考量促銷，短的訊息、滲透、高度曝光 生命週期：早期階段，創造知名度
內心聯想	運用反覆的抽象方式（如：標語、音樂、口號等）將品牌概念深入人心	產品：經常性採用與例行使用 定價：相較低價 通路：容易取得、設點，以便利為考量 促銷：充滿影響力、生動的傳播方式，高度一致性的曝光
激發潛意識	使用適當的文字或符號激發顧客（消費者）的潛意識偏好	產品：象徵性產品 定價：昂貴的，通常高於一般市價 通路：選擇性、考慮門市的氣氛 促銷：採用具象徵的視覺效果
行為調整	該品牌必須提供差異化的線索與非常強的騷動力吸引消費者，使之能及早回應	產品：經常性採用、衝動性產品 定價：相對較低價 通路：大量且容易取得 促銷：選擇性媒體、大量的訊息內容
認知的程序	該品牌必須讓顧客（消費者）認為選擇該品牌是有意義的	產品：複雜耐久性產品 定價：價格較高以聲譽定價 通路：門市能提供試用 促銷：選擇性媒體、大量的訊息內容
典範的模仿	該品牌能代表顧客（消費者）理想的生活型態，使消費者能願意模仿之	產品：象徵性產品 定價：價格較高，以聲譽定價 通路：根據定價與產量選擇擴張 促銷：試用、使用人推薦方式

資料來源：Alreck P.L.and R.B. Settle(1999)

5.11 顧客與品牌關係的建立策略

關於顧客（消費者）與品牌關係的建立策略，圖 5-1 品牌關係架構圖(David A. Aaker, 2002)有助於對各產品市場背景角色的選擇方案予以定位。該圖顯示出，根據這些方案所繪製而成的圖，包含了四大基本策略與九個子策略。這四大基本策略是：由多種品牌所組合之家族(House of Brands)、受背書品牌(Endorsed Brands)、主品牌下的副商品(Subbrands under a Master Brand)與帶有品牌名稱之家族(Branded House)。

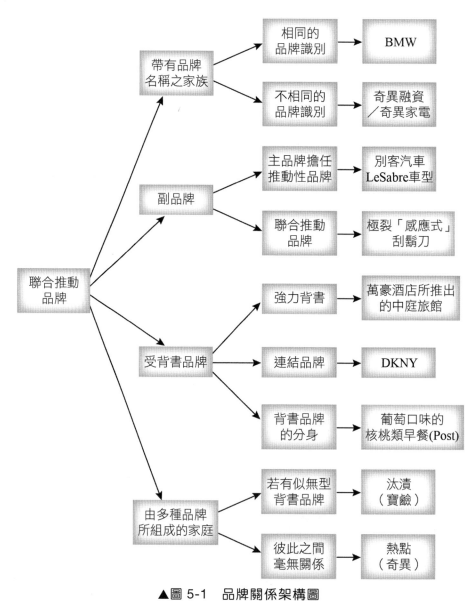

▲圖 5-1　品牌關係架構圖

　　圖 5-1 品牌關係架構圖上所處的位置，反映出品牌在策略執行上的獨立自主程度，以及最後在顧客心目中的區別程度。最大的區別性出現在架構圖右側「由多種品牌所組合之家族」中，該處的品牌各自獨立。接著再往左看，便可發現背書品牌與受背書品牌之間的關係，但各品牌仍然非常獨立。往更左邊看，主品牌、副品牌之間的關係則較為密切；副品牌可以更精確地掌握主品牌的精神並予以補充，但不能與主品牌的品牌識別相似太遠。

　　在更左邊「帶有品牌名稱之家族」中，主品牌扮演了推動性品牌的角色，而副品牌通常只是敘述性字眼而已，不必肩負太多品牌推動責任。

　　如圖 5-1 品牌關係架構圖所示，此種關係架構圖與推動性品牌的角色有關，在該表右側「由多種品牌所組合之家族」中，各品牌都有自己的推動性角色。若是具有受背書的品牌，受背書品牌所扮演的推動性角色相對較微不足道，若是具有副品牌，則是由主品牌與副品牌共同扮演推動性品牌的角色。在該表左側「帶有品牌名稱之家族」中，主品牌通常具有推動性品牌的角色，而敘述性的副品牌，則幾乎不必肩負推動品牌的角色。

　　品牌架構與品牌關係架構圖之決策，主要是由該公司的企業策略所推動。因此，市場環境也是品牌架構決策的重要推動者。品牌策略人員對於市場的假設，包括趨勢、未被滿足的需求、各種不同的區隔方法與產業市場架構，都是必須加以評估與釐清的基本議題。

5.12　情感利益與品牌

　　情感性利益與品牌能力有關，此種能力讓品牌使用者或購買者，在購買的過程中或使用的經驗中，能產生某種程度的態度，最強而有力的品牌識別，經常包括了情感性利益。情感性利益會進一步加強擁有與使用該品牌的豐富性與深度，此種方式可能造成一種完全不同的使用經驗，它是一種觸動人心的經驗，而且也會打造出一個更為有力的品牌。

　　當某人表現出一種特定的自我形象時，便存在了所謂的自我表現型利益，每一個角色都會與一種使人想表達的自我想法產生連結，品牌的購買與使用，便是一種實現自我表現型需求的方式。

　　Assael(1992)認為態度是一種經由學習產生，並且對事物有一致性好惡的反應，在與品牌關係的連結上，包括：

1. **品牌信念**：顧客（消費者）認為某品牌所具有的特性。

2. **品牌評價**：顧客（消費者）對某品牌的好惡程度。

3. **購買意願**：態度在顧客（消費者）決策中具有舉足輕重的地位，尤其在挑選品牌的時候。

5.13 ● 品牌識別體系

　　品牌識別系統也包括了關係架構要素(Relationship Construct)。品牌的目標之一便是創造出與顧客之間的關係，這有點像人與人之間的關係，此種品牌－顧客關係並不適於採取功能性與情感性利益的訴求。

　　建立顧客（消費者）與品牌關係必須配合品牌識別體系，圖 5-2 品牌識別體系圖(David A. Aaker, 2002)包括了由品牌識別所創造出的價值主張，除了功能性利益之外，價值主張還包括了情感性利益與自我表現型利益。

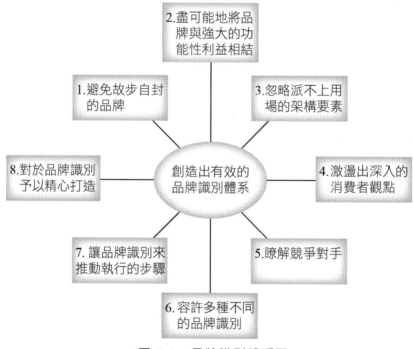

▲圖 5-2　品牌識別體系圖

5.14 · 品牌與顧客的關係

Fournier(1998)由深入訪談顧客（消費者）的方式，歸納出顧客（消費者）與品牌之間的關係，可分為十五種類型，內容分述如下表：

表 5-3　消費者與品牌之間的十五種關係類型

安排的婚姻 (Arranged Marriages)	第三者偏好所強迫的非自願性結合，雖然情感聯繫層次很低，乃意味著長期、唯一承諾
一般的朋友 (Casual Friends/Buddies)	情感與親密性很低的友誼，其表現特徵是不常或偶爾的約會，很多期待互惠或報酬
便利性的婚姻 (Marriages of Convenience)	因環境或計畫性的選擇，而促成之長期承諾性的關係
承諾的夥伴關係 (Committed Partnerships)	具有高度的喜愛、親密、信賴、承諾的長期、自願性、具社會支持的結合關係，儘管在環境不利下仍在一起。因守排他性原則
好朋友 (Best Friendships)	基於互惠性原則的自願性結合關係，透過持續提供正向報酬而具有耐久性。其特性是真實自我的揭露、誠實以及親密。通常雙方的形象及個人興趣會一致
區分的友誼 (Compartmental Friendships)	高度特殊化、情境限制及持久的友誼，其特性是比其他的友誼形成的親密度更低，但是具有較高的社會報酬及互依，易於進入及退出
親戚關係(Kinships)	由於傳統（家人）的羈絆所形成的非自願性結合
反彈／逃避關係 (Rebounds)	想要離開先前或可得之夥伴所促成之結合
孩提友誼 (Childhood Friendships)	不經常的會面，充滿早期相關的情感回憶，產生過去自我的舒適及安全感
求愛時期 (Courtships)	走向承諾夥伴關係契約之路的過渡性關係
依賴 (Depend On)	因感覺該品牌是無法替代的，而基於強迫的、高度情緒性的、自我中心的吸引鞏固此關係
一夜情 (Flings)	具有高度情感性報酬的短期、有時間約會，但是缺乏承諾與互惠需求
敵意(Enmities)	具有負向影響並希望避免或將痛苦施加予他人的關係
祕密戀情(Secret Affairs)	高度情緒性且私人的關係，如果告訴他人會有風險
奴役(Enslave)	完全是由具有關係的另一方的喜好所控制的非自願性結合，它會有負向的感覺，但是因為環境仍會持續此關係

資料來源：Fournier(1998)

5.15 · 品牌關係品質(BRQ)量表

Fournier(1998)再提出一個具有六項變數的品牌關係品質(BRQ)量表，以做為評估、維持、管理、強化品牌關係的依據。品牌關係品質(BRQ)量表，包含：喜愛與熱情(Love and Passion)、與自我連結(Self-Connection)、承諾(Commitment)、互相依賴(Interdependence)、親密(Intimacy)、品牌夥伴品質(Brand Partner Quality)等六種構面：

表 5-4 品牌關係品質(BRQ)量表

喜愛與熱情 (Love and Passion)	為所有堅固的品牌關係之核心，是基於人際關係領域中愛的概念、回憶的豐富情感，比簡單的品牌偏好概念更具強烈的品牌關係持久性及深度的情感，在此類關係中替代品會讓顧客不安
自我連結 (Self-Connection)	這個關係品質構面反映了在重要的自我關心、任務或事件上品牌傳達的程度，並因而表達了自我的重要部分
承諾 (Commitment)	堅固的品牌關係通常也會存在高度的承諾，不同形式的承諾可經由連結自我與關係的結果(Outcome)，而促進其穩定性
互依 (Interdependence)	堅固的品牌關係也可以用品牌與消費者之間互依的程度來區分，互依包括了頻繁的品牌互動、品牌相關活動範圍及廣度的增加、單一互動事件強度的增加
親密 (Intimacy)	推敲知識結構的發展強烈支持了品牌，其各種層次的意義反映了更深的親密層次與更持久的關係連結，所有堅固的品牌關係都深植於優越產品績效的信念上，此信念會使人將品牌視為優越的且為不可取代的，而可抵抗競爭者的攻擊
品牌夥伴品質 (Brand Partner Quality)	品牌夥伴品質的概念反映出消費者對該品牌在其關係角色中的績效表現的評估。品牌夥伴品質有五項中心組成成分： 1. 感覺品牌對消費者具有正向的導向 2. 對於品牌在執行其關係角色時整體之可靠度、可信度及可預測性之判斷 3. 對於品牌在遵守默示的關係契約規則之判斷 4. 對於品牌會傳達我們想要的東西之信賴或信念 5. 感覺品牌會對其行動負責任

資料來源：Fournier(1998)

5.16 ● 品牌關係之衡量

胡政源(2003)建構顧客基礎之品牌關係衡量量表(Customer-Based Brand Relationship, CBBR)的發展步驟（圖 5-3），共有 6 個步驟，分別說明如下：

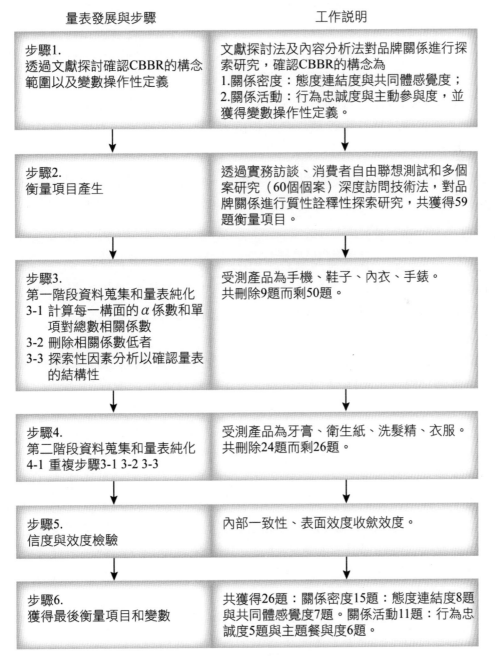

量表發展與步驟　　　　　　　　　　工作說明

步驟1.
透過文獻探討確認CBBR的構念範圍以及變數操作性定義

文獻探討法及內容分析法對品牌關係進行探索研究，確認CBBR的構念為
1.關係密度：態度連結度與共同體感覺度；
2.關係活動：行為忠誠度與主動參與度，並獲得變數操作性定義。

步驟2.
衡量項目產生

透過實務訪談、消費者自由聯想測試和多個案研究（60個個案）深度訪問技術法，對品牌關係進行質性詮釋性探索研究，共獲得59題衡量項目。

步驟3.
第一階段資料蒐集和量表純化
3-1 計算每一構面的 α 係數和單項對總數相關係數
3-2 刪除相關係數低者
3-3 探索性因素分析以確認量表的結構性

受測產品為手機、鞋子、內衣、手錶。
共刪除9題而剩50題。

步驟4.
第二階段資料蒐集和量表純化
4-1 重複步驟3-1 3-2 3-3

受測產品為牙膏、衛生紙、洗髮精、衣服。
共刪除24題而剩26題。

步驟5.
信度與效度檢驗

內部一致性、表面效度收斂效度。

步驟6.
獲得最後衡量項目和變數

共獲得26題：關係密度15題：態度連結度8題與共同體感覺度7題。關係活動11題：行為忠誠度5題與主題餐與度6題。

▲圖 5-3　量表發展步驟

步驟一： 透過文獻探討確認顧客基礎之品牌關係構念以及變數操作性 定義

1. 品牌關係相關構念

　　胡政源(2003)對顧客基礎觀點之「品牌關係」定義如下：顧客基礎觀點之品牌 關係是「消費者對品牌之態度及行為，以及品牌對消費者之態度及行為兩者之互動 (Blackston, 1992)，亦可概述為顧客與品牌間品牌態度與品牌行為之互動」；顧客基 礎之「品牌關係」係由品牌與顧客間關係密度高低與關係活動頻率所構成；關係密 度高低與品牌與顧客間之行為的忠誠度及態度的連結度有關，關係活動頻率與品牌 與顧客間之共同體感覺及主動積極參與程度有關。本研究自行發展與建構「顧客基 礎觀點之品牌關係衡量量表」。

　　胡政源(2003)以顧客基礎觀點視之品牌關係相關構念即為品牌關係密度（態度 連結度與共同體感覺）與品牌關係活動（行為忠誠度與主動參與度）。

2. 變數操作性定義

　　變數操作性定義，係為發展量表之用。

(1) 品牌關係：胡政源(2003)定義品牌關係如下：「品牌關係為顧客對品牌之態 度及行為與顧客認知的品牌對顧客之態度及行為之互動過程。」

(2) 關係密度：是態度連結與共同體感覺之強度。

(3) 關係活動：是顧客購買與使用之頻率以及每日投入於與購買及消費無關之其 他活動之程度，亦即行為的忠誠度及主動積極參與之程度。

(4) 行為的忠誠度(Behavioral Loyalty)：最強烈的品牌忠誠度可由顧客採購或消 費時願意投資時間、精力、金錢與其他資源於該品牌加以確知，行為的忠誠 度主要特質，是顧客對該品牌重複購買與對該品牌類別產品數量之分擔。顧 客購買之次數與數量決定最基本的利潤，品牌必須引發足夠之購買頻率與數 量。

(5) 態度的連結度(Attitudinal Attachment)：有些顧客因該品牌是其可接近之唯一 選擇或因該品牌是其付得起的而進行非必要性購買；品牌必須從廣泛品類脈 絡中創造特殊性以被認知，知覺、共鳴、喜愛、期望擁有、愉悅、期待等均 是良好的態度連結的表徵。

(6) 共同體感覺(Sense of Community)：品牌共同體之確認使顧客與其他和品牌 聯結之人們（如同類品牌使用者或消費者、公司員工、公司業務代表）具有 親屬關係之感覺。

(7) 主動積極參與(Active Engagement)：顧客願意參加品牌俱樂部或與其他同類品牌使用者、品牌之正式或非正式代表保持聯繫並接觸最近品牌有關訊息，他們可能會上與品牌有關之網路或聊天室；此類顧客會成為品牌傳播者並協助品牌與其他人們溝通及增強品牌與這些人之連結；強烈的態度連結與共同體感覺可以建構出顧客對該品牌之主動積極參與。

步驟二：衡量項目產生

胡政源(2003)透過實務訪談、消費者自由聯想測試，結合多個案研究（60 個個案）深度訪問技術法，對品牌關係進行質性詮釋性探索研究，多個案研究（60 個個案）深度訪問之進行係以社會人士 10 名、嶺東科技大學 40 名（五專五年級 10 名、夜二專三年級 10 名、二技部 10 名、四技部 10 名）及環球科技大學（夜二專三年級 10 名）之學生進行品牌選用經驗及生活經驗之敘述為主，然後依據該 60 個個案品牌選用經驗及生活經驗之敘述加以內容分析，整理出消費者與品牌之態度與行為及其互動經驗，建構出消費者與品牌關係之衡量項目。

茲針對各品牌關係研究構念與品牌關係研究變數的衡量項目加以整理如下：

1. 行為忠誠度

(1) 經常購買選用。

(2) 重複購買選用。

(3) 一定會再選用。

(4) 經常購買大數量。

(5) 經常足量的購買。

(6) 經常團體的購買。

(7) 購買次數較多。

(8) 購買頻率較繁。

(9) 非購買到不可。

(10) 經常定期購買。

(11) 每天都使用到。

(12) 購買金額較多。

(13) 願意多花金錢購買。

(14) 願意到處尋找購買。

(15) 願意多花時間購買。

2. **主動積極參與**

　(1) 投資時間參與。

　(2) 投資精力參與。

　(3) 投資金錢參與。

　(4) 參加俱樂部或會員。

　(5) 經常接觸品牌代表。

　(6) 經常接觸品牌業務。

　(7) 經常接觸品牌使用者。

　(8) 經常接觸品牌訊息。

　(9) 聊天經常提起。

　(10) 經常傳播口碑。

　(11) 經常主動參加活動。

　(12) 經常推薦別人選用。

　(13) 經常注意相關訊息。

　(14) 經常主動聯絡。

3. **態度連結程度**

　(1) 期望擁有該品牌。

　(2) 擁有該品牌很愉悅。

　(3) 對該品牌很了解。

　(4) 喜愛使用該品牌。

　(5) 認為該品牌獨一無二。

　(6) 願意使用該品牌。

　(7) 認為該品牌名聲好。

　(8) 對該品牌印象很好。

　(9) 感覺該品牌高級。

　(10) 認為該品牌是流行象徵。

　(11) 願意試用該品牌。

　(12) 對該品牌感覺很滿意。

　(13) 認為該品牌很熱情。

　(14) 認為該品牌很真誠。

　(15) 認為該品牌很誘惑具有魅力。

4. 共同體感覺

(1) 感覺像夫妻。

(2) 感覺個性契合。

(3) 感覺很合自我品味。

(4) 具有依賴感覺。

(5) 具有認同感覺。

(6) 具有親密感覺。

(7) 感覺很貼心。

(8) 感覺很體貼。

(9) 感覺像朋友。

(10) 感覺像情侶。

(11) 感覺像親屬。

(12) 感覺像伙伴。

(13) 感覺像知己。

(14) 具有承諾感覺。

(15) 具有信任感覺。

步驟三：第一階段資料蒐集和量表純化

　　第一階段資料蒐集和量表純化，計算每一構面的 α 係數和單項對總數相關係數、刪除相關係數低者、進行探索性因素分析以確認量表的結構性。第一階段資料蒐集，係以嶺東科技大學 440 名（五專五年級 100 名、夜二專三年級 100 名、二技部 80 名、四技部 80 名、在職班 80）及環球科技大學 40 名（夜二專三年級）之學生，受測產品為手機、鞋子、內衣、手錶。問卷設計 59 題係以李克特五點尺度量表加以設計，以進行資料蒐集。經過重複相關分析，行為的忠誠度項目由 15 題刪減為 7 題，α值為 0.8535；主動積極參與項目仍為 14 題，α值為 0.9177；態度的聯結度項目由 15 題刪減為 14 項，α值為 0.9147；共同體的感覺項目仍為 15 項，α值為 0.9523。第一階段資料蒐集和量表純化結果彙總如表 5-5。共刪除 9 題而剩 50 題。

📋 表 5-5　第一階段資料蒐集和量表純化結果

	修正前		修正後	
	題　數	Cronbach α	題　數	Cronbach α
行為的忠誠度	15	0.8746	7	0.8535
主動積極參與	14	0.9177	14	0.9177
態度的連結度	15	0.8750	14	0.9147
共同體的感覺	15	0.9523	15	0.9523
合　　計	59		50	

　　經由上述分析後，對行為的忠誠度、主動積極參與、態度的連結度及共同體的感覺等 50 題再進行因素分析，結果有 10 個因素其特徵值大於 1，分別將其命名為共同體、印象好、積極參與、主動參與、購買頻率、參與高、重複選用、態度佳、感覺佳、期望擁有。

步驟四：第二階段資料蒐集和量表純化

　　第二階段資料蒐集和量表純化，再次計算每一構面的 α 係數和單項對總數相關係數、刪除相關係數低者、再進行探索性因素分析，以確認量表的結構性。第二階段資料蒐集，再以嶺東科技大學 340 名（五專五年級 60 名、夜二專三年級 60 名、二技部 60 名、四技部 60 名、在職班 100）及環球科技大學 40 名（夜二專三年級）之學生，受測產品改為牙膏、衛生紙、洗髮精、衣服。問卷設計 50 題亦以李克特五點尺度量表加以設計，以進行資料蒐集。

　　經過重複相關分析，行為的忠誠度項目由 7 題刪減為 5 題，α值為 0.8456；主動積極參與項目由 14 題刪減為 6 題，α值為 0.8612；態度的連結度項目由 14 題刪減為 8 題，α值為 0.9042；共同體的感覺項目由 15 題刪減為 7 項，α值為 0.8713。第二階段資料蒐集和量表純化結果彙總如表 5-6。共刪除 24 題而剩 26 題。

　　經由上述分析後，對行為的忠誠度、主動積極參與、態度的連結度及共同體的感覺等 28 題再進行因素分析，結果有四個因素其特徵值大於 1，分別將其命名為：(1)「態度連結度」、(2)「主動積極參與」、(3)「共同體的感覺」、(4)「行為的忠誠度」；其命名與操作性定義相同。

表 5-6　第二階段資料蒐集和量表純化

	修正前		修正後	
	題　　數	Cronbach α	題　　數	Cronbach α
行為的忠誠度	7	0.8443	5	0.8456
主動積極參與	14	0.8659	7	0.8612
態度的連結度	14	0.9033	8	0.9042
共同體的感覺	15	0.8910	8	0.8713
合　　　計	50		26	

步驟五：信度與效度檢驗

1. 信度的檢驗

　　信度即可靠性，係指測驗結果的一致性或穩定性而言。誤差越小，信度越高；誤差越大，信度越低。因此，信度亦可視為測驗結果受機率影響的程度。測驗的信度係以測驗分數的變異理論為其基礎。測驗分數之變異分為系統的變異和非系統的變異兩種，信度通常指非系統變異。在測驗方法上探討信度的途徑有二：(1)從受試者內在的變異加以分析，用測量標準誤說明可靠性大小；(2)從受試者相互間的變異加以分析，用相關係數表示信度的高低。

　　測驗信度通常以相關係數表示之。由於測驗分數的誤差變異之來源有所不同，故各種信度係數分別說明信度的不同層面而具有不同的意義。Cronbach α係數是一種分析項目間一致性以估計信度的方法，本研究α值皆在 0.8 以上，顯示四個構面所建立問項，亦具相當高的內部一致性。相較於第一階段的信度，α值無太大差異，顯示本量表應用於不同產品類別仍然相當穩定。

表 5-7　測驗信度相關係數（內部一致性）

	題　　數	Cronbach α
行為的忠誠度	5	0.8456
主動積極參與	6	0.8612
態度的連結度	8	0.9042
共同體的感覺	7	0.8713
合　　　計	26	

2. 效度的檢驗

效度即正確性，指測驗或其他測量工具能測出其所欲測量的特質或功能之程度。測驗效度越高，即表示測驗的結果越能顯現其所欲測量對象的真正特徵。

胡政源(2003)對於顧客基礎的品牌關係衡量量表的效度檢驗，包括內容效度及建構效度中的收斂效度。所謂內容效度是指量表「內容的適切性」，即量表內容是否涵蓋所要衡量的構念。量表的衡量項目係根據文獻探討、消費者自由聯想以及多個個案深度訪談而產生 59 題問項，分成四個構念，「行為的忠誠度」、「主動積極參與」、「態度的連結度」、「共同體的感覺」，並在測試前進行預試，故量表具相當的內容效度。

收斂效度是指來自相同構念的這些項目，彼此之間相關要高。以因素分析求各項目之因素結構矩陣，再由結構矩陣所表列之因素負荷量大小來判定建構效度好壞。若因素負荷量的值越大，表示收斂效度越高。由「步驟四：第二階段純化後量表」顯示，除了「對該品牌很了解」、「喜愛使用該品牌」問項因素負荷量小於0.5，故均將刪除，其餘因素負荷量均大於 0.5，表示胡政源(2003)所發展的量表在建構效度中具有相當的收斂效度。

步驟六：獲得最後衡量項目和變數

經過二階段資料蒐集和量表純化分析後，此量表由原先 50 題衡量項目刪為 26題，其中：

1. 態度連結程度 8 題，包括：
   (1) 認為該品牌很誘惑具有魅力。
   (2) 願意使用該品牌。
   (3) 認為該品牌名聲好。
   (4) 對該品牌印象很好。
   (5) 感覺該品牌高級。
   (6) 認為該品牌是流行象徵。
   (7) 對該品牌感覺很滿意。
   (8) 認為該品牌很熱情。

2. 主動積極參與 6 題，包括：
   (1) 經常接觸品牌使用者。
   (2) 經常注意相關訊息。

(3) 經常接觸品牌代表。

(4) 經常接觸品牌訊息。

(5) 聊天經常提起。

(6) 經常傳播口碑。

3. 共同體感覺 7 題，包括：

(1) 感覺像夫妻。

(2) 感覺個性契合。

(3) 感覺很體貼。

(4) 感覺像情侶。

(5) 具有認同感覺。

(6) 具有親密感覺。

(7) 感覺很貼心。

4. 行為忠誠度 5 題，包括：

(1) 經常購買選用。

(2) 重複購買選用。

(3) 一定會再選用。

(4) 購買次數較多。

(5) 購買頻率較繁。

5.17 品牌關係衡量量表之建立

　　學者對於「品牌關係(Brand Relationship)」之研究不多，大部分僅為品牌關係之概念化討論，或為質性之探索式詮釋研究(Damian(1991); Sandi(1992); Alan(1996); Fournier(1998); Wileman(1999); Lauro(2000); Blackston(1992, 1995, 2000); Keller(2001))，客觀性量化之邏輯實證研究尚少。既無學者以邏輯實證量化深入研究品牌關係，對於品牌關係及其相關變數之衡量，學者亦仍未建立出有效且被一般研究者共同接受之量表；因此，胡政源(2003)以顧客基礎觀點，進行發展與建構消費品之「顧客基礎觀點之品牌關係(Customer-Based Brand Relationship, CBBR)衡量量表」。

　　胡政源(2003)經由文獻探討法及內容分析法對品牌關係進行探索研究，確認CBBR 的構念為：1.關係密度：態度聯結度與共同體感覺度；2.關係活動：行為忠誠度與主動參與度。並由此進行研究變數之操作性定義。進一步透過實務訪談、消費者自由聯想測試和多個案研究（60 個個案）深度訪問技術法，對品牌關係進行

質性詮釋性探索研究，共獲得 59 題研究變數衡量項目。第一階段資料蒐集和量表純化，受測產品為手機、鞋子、內衣、手錶；共刪除 9 題而剩 50 題。第二階段資料蒐集和量表純化，受測產品為牙膏、衛生紙、洗髮精、衣服；共刪除 24 題而剩 26 題。共獲得 26 題，態度連結度 8 題與共同體感覺度 7 題；行為忠誠度 5 題與主動參與度 6 題。衡量項目由 59 題刪減為 26 題，信度與效度檢驗皆獲得非常好的支持。經由本研究建構顧客基礎之品牌關係衡量量表的 6 個步驟，發展出 26 題消費品之「顧客基礎觀點之品牌關係衡量量表」。

　　胡政源(2003)以顧客基礎觀點，發展出消費品之「顧客基礎觀點之品牌關係衡量量表」（表 5-8），可衡量消費者與品牌之品牌關係強度，亦可供後續研究品牌關係者發展研究假設及量化實證研究品牌關係時應用之，亦可供實務界建構與消費者品牌關係及衡量消費者與品牌之品牌關係強度時參考應用。

表 5-8　顧客基礎品牌關係(Customer-Based Brand Relationship, CBBR)衡量量表

		非常同意	同 意	尚 可	不同意	非常不同意
1.	您感覺該品牌很高級	1	2	3	4	5
2.	您對該品牌印象很好	1	2	3	4	5
3.	您對該品牌感覺很滿意	1	2	3	4	5
4.	您認為該品牌是流行象徵	1	2	3	4	5
5.	您認為該品牌名聲信譽好	1	2	3	4	5
6.	您很願意使用該品牌	1	2	3	4	5
7.	您認為該品牌具誘惑魅力	1	2	3	4	5
8.	您認為該品牌對您很熱情	1	2	3	4	5
9.	您經常接觸該品牌使用者	1	2	3	4	5
10.	您經常接觸該品牌相關訊息	1	2	3	4	5
11.	您經常傳播該品牌好口碑	1	2	3	4	5
12.	您經常接觸該品牌之代表	1	2	3	4	5
13.	您聊天經常提起該品牌	1	2	3	4	5
14.	您經常注意該品牌相關訊息	1	2	3	4	5
15.	您感覺該品牌很貼心	1	2	3	4	5
16.	您感覺該品牌很體貼	1	2	3	4	5
17.	您對該品牌具有親密感	1	2	3	4	5
18.	您感覺該品牌與您像朋友	1	2	3	4	5
19.	您感覺該品牌與您個性契合	1	2	3	4	5
20.	您感覺該品牌與您像情侶	1	2	3	4	5
21.	您感覺該品牌與您像夫妻	1	2	3	4	5
22.	您經常購買選用該品牌	1	2	3	4	5
23.	您會重複購買選用該品牌	1	2	3	4	5
24.	您對該品牌購買頻率較繁	1	2	3	4	5
25.	您對該品牌購買次數較多	1	2	3	4	5
26.	您一定會再選用該品牌	1	2	3	4	5

▶▶▶ 全家便利商店

臺灣全家便利商店（顧客簡稱：全家）成立於 1988 年，由日本 FamilyMart 與臺灣在地企業共同合資經營（日本全家由日本 FamilyMart 與日本伊藤忠商社合資），於臺北市成立總部，導入日本 FamilyMart 便利商店經營管理技術進入臺灣市場。

▲圖 5-4　全家便利商店導入日本 FamilyMart 便利商店經營管理技術

全家集團多角化經營

臺灣全家便利商店為 FamilyMart 在日本以外的第一個據點。以全家為主體成立的「全家集團」在臺灣是一個橫跨便利商店、物流、餐飲、票券、資訊、虛擬金融、鮮食廠、麵包廠的企業集團。旗下企業有子公司全臺物流股份有限公司、日翊文化股份有限公司負責體系旗下各店的物流配送服務，全家國際餐飲股份有限公司則負責餐飲事業營運。

▲圖 5-5　全家便利商店利用平臺擴大服務顧客

臺灣全家便利商店期初設立資本額新臺幣 2 億元，成立初期就設定以加盟店為主要經營推動方向。至 2020 年元月 01 日止，總計全臺店數共有 3,350 店。目前市場占有率為全臺第二大便利商店。最大的競爭對手為統一超商（約 5450 店），流通業界稱之為「超商雙雄」。

　　臺灣全家便利商店潘進丁董事長受訪曾表示，全家便利商店在便當、涼麵等鮮食產品的開發與銷售，都相當受到顧客群的喜愛。因此陸續擴展鮮食生產線或提升鮮食事業服務能量，如全系統更換 UCC 咖啡豆並於自建 APP 會員服務功能推出『商品預售』功能，在臺灣首創咖啡寄杯可跨店領取，也可透由系統轉贈咖啡，全家便利商店為強化顧客對全家咖啡的優質印象，於 2019 年領先便利商店同業推出精品咖啡豆，力圖透由咖啡產品帶動全店鮮食商品的消費量。全家為臺灣通路第一家導入 Clean Label 潔淨標章，並攜手超過百家合作原料供應廠商共同打造「全家 Clean Label 少添加食品產業聯盟」。

▲圖 5-6　全家為臺灣通路第一家導入 Clean Label 潔淨標章

　　供應全家便利商店北臺灣生鮮食品的大溪廠，近年來因整體鮮食市場成長產能已達飽和（南臺灣主要供應廠為晉欣等廠），全家便利商店生鮮食品每年以超過 20%速度成長，因此，全家便利商店斥資12.6億元在新竹縣新豐鄉建置第3座鮮食廠，食材供應商都一致看好全家便利商店的新豐鮮食廠將是全家下一波鮮食成長的重要利基。全家便利商店新豐鮮食廠，基地總面積約9,000坪，首期建置5,000坪，根據產品屬性將和大溪廠做區隔，主要生產4℃鮮食（溫層分類）如燴飯、沙拉及小菜等品類商品，現階段設定供應苗栗以北約1,500家店。

▲圖 5-7　全家便利商店新豐廠與全家食品研究所

「友善食光」提升商業服務模式

　　全家便利商店鮮食商品與顧客建立品牌信整關係中，便利商店提供鮮食商品已經是重要的互動商品，但顧客對即期品造成過期報廢的食材浪費或是貨架商品數不足（商品迴轉力）的感受也影響品牌的信賴，因此，全家領先同業利用時控條碼改善長期無法解決的剩食議題，藉由資訊科技改變銷售商業模式，全家便利商店利除了導入 Clean Label 滿足消費者對外食想需要有健康飲食的需求，全家便利商店更進一步將時控條碼的應用範疇從確保消費者不會購買到食用效期以外的商品（過去收銀機無法刷取判讀超過效期的商品），藉由推出貼有「友善食光」標籤的鮮食商品。讓顧客可以以 7 折的友善價位選購食用效期僅剩 7 小時的鮮食商品（調整商品迴轉與報廢的考量）。目前，全家便利商店除針對烘培鮮食推出友善食光商品約 350 項鮮食商品，讓顧客可以全面體驗友善食光，同時，有效降低加盟店的廢棄鮮食成本，以食品科技應用、改善剩食議題，創造提升性的商業服務模式。

▲圖 5-8　全家執行友善食光有效解決剩食議題

針對鮮食設定時間價格（折扣），為全家便利商店減少食物浪費的第一階段。全家便利商店陸續導入不同機制：如店鋪進貨一般商品時，可使用以數據分析為基礎的自動訂購系統，鮮食商品因為品項多、數量小，當天氣候都直接影響飯糰便當等銷售數量，他們藉由大數據資訊蒐集後，會更容易掌握鮮食的數據準確度（提供店鋪訂貨參考）。上述沒有在顧客面前呈現的系統運作才是真正影響與顧客互動關係的建立。

▲圖 5-9　友善食光利用大數據資訊協助店鋪訂購作業並控管分析

商品客製化滿足顧客期待感

全家鮮食部原物料採購資深經理王政楠於食材會議中表示，全家便利商店新品從研發到上市，都需要超過 120 天測試規劃與分析上架可行性，並在多元化的顧客群中要找到最大的市場缺口並滿足顧客期望，同時要面對同業快速推出新品，全家便利商店更講究新品的品質穩定度。因此也可能在上市前考量食材變數而暫緩新品推出。

全家便利商店不斷推出創新商品，為了讓顧客持續有不同創意、創新的鮮食便當、飯糰、麵包、麵食、湯品等。全家便利商店鮮食本部黃正田部長透露，鮮食採購經理定期都會檢視自己負責的商品類別，並與研發部門討論分析觀察各項商品的銷售狀況，並透由食材合作供應商精進會議進而思考如何精進、提升商品品質。

鮮食部要負責從食材採購、穩定研發、大小試產、上架檢討等階段，進而上市上架銷售。全家便利商店鮮食部每開發一項鮮食先會由研發單位與行銷單位進行市場趨勢觀察，「商品矩陣圖」是前置規劃重要的分析作業圖表，表格中詳細劃分商品種類及可能銷售曲線，同時比較自家產品與同業之間的差異特色，利用數據與經驗值找出最佳利基。

▲圖 5-10　全家懷石飯糰利用食材差異創造行銷議題

　　以成長速度最快的飯糰商品為例，全家便利商品店會分類別，就目前歸納有三角飯糰、傳統飯糰、大口飯糰、懷石飯糰，再視口味別，區分海鮮、肉類等，最後依照毛利額，把商品分為 A（排名前 70%）、B（排名後 20%）、C（排名最後 10%）三種級別。這時，他們透過報表呈現分析，如果發現懷石飯糰加入牛肉口味的飯糰表現最亮眼，就會再針對此項類別，委請研發單位著手研發更多新品，像是前陣子懷石飯糰系列推出「鹽燒秋鮭飯糰」，因為臺灣顧客對鮭魚的好感度，營造超高 CP 值。而銷售統計數字，全家便利商店 2019 年的飯糰整體營收成長兩成，銷售近 4000 萬個飯糰。

　　以顧客偏好加上企業食材規劃目標，採購或研發有了想法概念後，大約會在 30 天左右提出商品構想開發計畫，其內容需考量口味、定價、銷售族群、包裝、與行銷操作。例如：他們曾經發想「臺灣創意臺菜風」，便派一個小組與知名參和院創意臺灣洽談聯名合作，與研發主廚就鮮食廠專業製程導入合格食材並分析最適口味、規格與可能產生的商品評價，找出合適商品規劃策略。

　　商品計畫確認通過核可後，研發人員進行長達約 60 天的小型測試，確認試驗室的品質穩定，才會上生產線試產，再次確認經大量加工可確保品質、確保口味穩定度，才能進行上市宣傳。

▲圖 5-11　全家與創意臺菜名店參和院聯名行銷

　　為呈現鮮食商品最完美口感，例如：全家最高級的懷石飯糰，研發至量產都要明確評估並確認重量，如日本品種越光米使用幾克搭配鮮蝦的 Q 彈才能呈現頂級越光米飯口感，並考量經微波加熱後的風味是否可能維持風味；如果是義大利麵商品，則會拿儀器測量麵體本身的含水率數據，包含鹽度也經由數據計測量是否太鹹、太淡，以利符合顧客對品牌的期待。滿足顧客期待亦即顧客在品牌滿意度自然提升！

▲圖 5-12　全家便利商店以顧客為中心開發特色商品

習題 EXERCISE

（　）1. 全家便利商店為強化顧客對全家咖啡的優質印象，於 2019 年領先便利商店同業推出哪種商品，力圖藉由咖啡產品帶動全店鮮食商品的消費量？　(A)精品咖啡豆　(B)濾掛式咖啡　(C)三合一咖啡　(D)咖啡機。

（　）2. 顧客對即期品造成過期報廢的食材浪費的感受也影響品牌的信賴，因此全家領先同業利用什麼改善長期無法解決的剩食議題？　(A)時控條碼　(B)專人監控　(C)收銀專用條碼　(D)科技監控。

（　）3. 全家便利商店陸續導入不同機制，如店鋪進貨一般商品時，可使用以何者為基礎的自動訂購系統？　(A)利潤分析　(B)顧客導向　(C)收支分析　(D)數據分析。

（　）4. 全家便利商店新品從研發到上市，都需要超過多少時間測試規劃與分析上架可行性，並在多元化的顧客群中要找到最大的市場缺口並滿足顧客期望？　(A)30 天　(B)120 天　(C)180 天　(D)1 年。

（　）5. 全家便利商店鮮食部每開發一項鮮食先會由研發單位與行銷單位進行市場趨勢觀察，何者是前置規劃重要的分析作業圖表？　(A)利潤曲線圖　(B)商品矩陣圖　(C)銷售圓餅圖　(D)商品長條圖。

（　）6. 全家便利商店以何者加上企業食材規劃目標，採購或研發有了想法概念後，大約會在 30 天左右提出商品構想開發計畫，其內容需考量口味、定價、銷售族群、包裝與行銷操作？　(A)市場調查　(B)銷售排行　(C)利潤高低　(D)顧客偏好。

（　）7. 顧客關係管理主要目標在於即時滿足客戶需求、和客戶建立長期良好的關係、增加營業利潤，還有哪一項？　(A)建立 VIP 顧客　(B)創造企業價值　(C)提高客戶滿意度　(D)博得顧客好評。

（　）8. 何者是當顧客（消費者）接受品牌擬人化廣告賦予產品生命象徵時，表示其願意將品牌視為關係伙伴的一員？　(A)品牌經營　(B)品牌價值　(C)品牌關係　(D)品牌偏好。

（　）9. 當緊密的品牌關係建立起來之後，企業所得到的利益將絕不只重複銷售，最大的好處在於可以加強顧客的穩定性及提高何者？　(A)品牌價值　(B)顧客終身價值　(C)企業利潤　(D)顧客好評。

（　）10. 針對顧客品牌關係的建立策略，維持品牌關係的方法可以經由包裝、促銷與公關以建立什麼來維持他們的關係？　(A)顧客 VIP 制度　(B)品牌價值　(C)品牌利潤　(D)品牌態度行為。

解答：1.(A)　2.(A)　3.(D)　4.(B)　5.(B)　6.(D)　7.(C)　8.(C)　9.(B)　10.(D)

參考文獻　REFERENCES

胡政源(2003),〈消費品品牌關係衡量量表之建構－顧客基礎觀點〉,《嶺東學報》,嶺東技術學院出版,第十四期、頁 57-80(國科會計畫編號 NSC 91-2626-H-275-001-補助之研究計畫所產生)。

陳振燧(2001),〈從品牌權益觀點探討品牌延伸策略〉,《輔仁管理評論》,第八卷第一期,中華民國 90 年 3 月,pp.33-56。

陳振燧、洪順慶(1999),〈消費者品牌權益衡量之建構－以顧客基礎觀點之研究〉,《中山管理評論》,第七卷第四期,1999 冬季號,pp.1175-1199。

Aaker, David A(2001)等著,高登第譯,《哈佛商業評論精選－品牌管理》,臺北市,天下遠見出版。

Aaker, David A.著,沈雲驄、湯宗勳譯(1998),《品牌行銷法則:如何打造強勢品牌?》,臺北:商周出版。

Alreck and settle 編,朝陽堂編輯部譯(1999),《創造品牌資產的戰略:品牌經營》,臺北:朝陽堂文化。

Arnold, David 著,李桂芬、林碧翠譯(1995),《品牌保姆手冊》,臺北:時報文化。

Blackston(1993)著,袁世珮譯,《品牌思維－打造優勢品牌的五大策略》,臺北市,麥格羅‧希爾國際(McGraw-Hill Taiwan)。

Blackston(1995)著,沈雲驄、湯宗勳譯,《如何打造強勢品牌?》,臺北:商周出版。

Brown 著,湯宗勳譯(1991),《打造優勢品牌》。臺北:東華。

David A. Aaker、Erich Joachimsthaler 合著,高登第譯(2002),臺北:天下遠見出版股份有限公司。

Duncan and Moriarty(1997),《量表的發展:理論與應用》,臺北:弘智文化,p47-86。

Fournier 著,方世榮譯(1998),《行銷管理學》,臺北:臺灣東華。

Geoffrey Randall(2000),《塑造品牌的威力》,臺北:小知堂文化,p.13-18。

Keller 著,方世榮譯(2001),《行銷管理學:分析、計畫、執行與控制》,臺北:臺灣東華。

Koch , Richard 著,謝綺蓉譯(1998),《80/20 法則》,臺北:大塊文化。

Kotler, Philip 著,方世榮譯(1998),《分析、計畫、執行與控制》,臺灣東華。

Larry 著,謝綺蓉譯(1993),《打造強勢品牌》。臺北:大塊文化。

Lewis & Spanier,李桂芬譯(1979),《量表的發展》,臺北:弘智文化,p47-86。

Marconi, Joe 著,李宛蓉譯(1994),《品牌行銷:創造出價值與魅力來》。

Mccracken,洪順慶譯(1989),《品牌關係保姆》,臺北:天下雜誌。

Aaker, David A & Erich Joaschimsthaler(2000), The brand relationship spectrum: The key to the brand architecture challenge California Management Review; Berkeley.

Aaker, David A(1991), Managing Brand Equity; New York; The Free Press.

Aaker, David A(1995), Building strong brands, Brandweek; New York.

Aaker, Jennifer(1997), "Dimensions of Brand Personality, " Journal of Advertising Research, (February/March), 35-41.

Alan, Mitchell(1996), Holistic fix for broken machinery , Marketing Week; London.

Anonymous(1998), The value of a meaningful relationship, Direct Marketing; Garden City.

Bagozzi and Youjae Yi(1989), The Degree of Intention Formation as a Moderator of the Attitude-Behavior Relation, " Social Psychology Quarterly, 52(December), pp.266-279.

Blackston, Max(1992), A Brand with an Attitude: A Suitable Case for Treatment, Market Research Society, Journal of the Market Research Society; London.

Blackston, Max(1995), The qualitative dimension of brand equity , Journal of Advertising Research; New York.

Blackston, Max(2000), Observations: Building brand equity by managing the brand's relationships, Journal of Advertising Research; New York.

Bonfield, E. H.(1974), "Attitude, Social Influence, personal Norm, and Intention Interactions as Marketing Research, 11(November), pp.379-389.

Brandt, Marty(1998), Don't dis your brand, MC Technology Marketing Intelligence; New York.

Churchill, Gilbert A., Jr..(1979), "A Paradigm for Developing Better Measures of Marketing Constructs, " Journal of Marketing Research, 16, February 64-73.

Damian, O'Malley(1991), Brands Mean Business, Accountancy; London.

Dwyer, F. Robert, Paul H. Schurr, & Sejo Oh.(1987), "Developing Buyer- Seller Relationships."Journal of Marketing, 51(April): 11-27.

Fournier, Susan(1998), Consumers and their brands: Developing relationship theory in consumer research, Journal of Consumer Research; Gainesville.

Fournier, Susan& Yao, Julie(1997)Reviving brand loyalty: A reconceptualization within the framework of consumer-brand relationships International Journal of Research in Marketing; Amsterdam.

Gurwitz, Paul M(1990), Mapping Technique Lifts Non symmetric Data To A New Altitude, Marketing News; Chicago.

Hinde, R. A.(1995), "A Suggested Structure for a Science of Relationships, " Personal Relationships, Vol. 2, March, pp.1-15.

James Brandhorst(1998), Get into the solutions business, Brandweek; New York.

Kahle, Lynn, Basil Poulos, and Ajay Sukhdial(1998), "Changes in Social Values in the United States During the Past Decade, ' Journal of Advertising Research, (February/March), 35-41.

Kelleher, Sean(1998), Aspiring youth brands need a refined strategy, Marketing Week; London.

Keller, K. L.(1993), "Conceptualizing, Measuring, and Managing Customer- Based Brand Equity, " Journal of Marketing, Vol. 57, January, pp.1-22.

Keller, Kenvin Lane(2001), Building customer-based brand equity, Marketing Management; Chicago.

King, Stephen(1990), "A Perspective on Brands, " Journal of Consumer Marketing, FALL, Vol. 8, 43-52.

Kohli, A. K., B. J. Jaworski, and A. Kumar(1993), "MARKOR: A Measure of Market Orientation, " Journal of Marketing Research, Vol. xxx Nov. 467-477.

Krapfel, Robert E. Jr., Deborah Salmond. and Robert Spekman(1991), A Stratigic Approach to Managing Buyer-Seller Relationships, Eropean Journal of Marketing.

Lauro, Patricia Winters(2000), According to a survey, the Democratic and Republican parties have brand-name problems.New York Times; New York, N.Y.

Lee, Julian(1999), Media money Campaign; Teddington.

MacLeod, Chris(2000), Does your brand need a makeover?, Marketing; London.

Larry(1993);At the center of it all is the brand , Advertising Age; Chicago.

Parasuraman, A. Valarie A. Zeithaml and Leonard L. Berry(1988), "Servqual: A Multiple-Item Scale for Measuring Consumer Perceptions of Service Quality, " Journal of Retailing, 64(Spring).

Potomac(1998), Integrated Marketing Communications: Consistency, Customization Imperative, PR News; Potomac.

Rice, Butch & Richard(1998), The relationship between brand usage and advertising tracking measurements: International findings, Journal of Advertising Research; New York.

Sandi, Schluter(1992), Get to the 'Essence' of a Brand Relationship, Marketing News; Chicago.

Shelly, Zalis(1995), Infomercials breaking the brand barrier: The power of knowing, Adweek; New York.

Stern, Steven & Douglas Barton(1997), Putting the "custom" in customer with database marketing Strategy & Leadership; Chicago.

Urde, Mates(1994), Brand Orientation-A stategy for Strategy for Survival, Journal of Comsumer Research, Vol12 Dec. 18-32.

Wendy, Gordon & Corr, David(1990), The Space Between Words: The Application of a New Model of Communication to Quantitative Brand Image Measurement , Market Research Society. Journal of the Market Research Society; London.

Wileman, Andrew(1999), Smart cookies: A question of portals, Management Today; London.

顧客忠誠度
案例分享─臺灣
楓康超市

6.1 顧客忠誠的氛圍

顧客對企業的忠心是企業的「無價寶」、「金不換」，但在訊息迅速傳遞的資訊時代，顧客也會移情別戀，想要留住顧客，就要不斷滿足不同類型顧客的個性化需求。

為此首先要為內部員工營造個性化創新的空間，以員工對企業的忠誠度，換取顧客對品牌的忠誠度(Brand Loyalty)，使企業永續經營，為社會、為人類的進步做出貢獻；而顧客通常比較重視無形的感覺而非有形的產品，換句話說，顧客用腦去看產品，而用心去看品牌。品牌的精髓是顧客忠誠，而顧客忠誠度則是發自內心，所以說提供無形的附加價值或形象來創造品牌，比其他同質產品更能激發忠誠度。

顧客忠誠是指顧客對企業某特定的產品或服務的未來再購買意願。也就是對人、產品或服務產生認同、好感，也就是儘管受到任何環境影響，則顧客對所喜好的產品或服務的未來再惠顧的承諾不變。

顧客對企業忠誠會受對品牌長期累積的滿意程度直接影響，亦有研究指出品牌忠誠是受知覺品質的影響。

6.2 顧客忠誠度的定義

Guest(1955)認為顧客在某段時間內對某一品牌的喜好不變，亦是顧客對品牌偏好一致，即對該品牌具有忠誠度(Loyalty)。

忠誠度觀念可分為行為與態度二個向度：行為部分係指參與特定活動、設施與接受服務的次數，與表現多次參與的一致性；態度則是情感上的偏好程度。

顧客忠誠是顧客對某特定產品或服務的未來再購買意願（特定產品與服務態度上的偏好）與對價格容忍度來衡量忠誠度。顧客忠誠度有長期忠誠和短期忠誠兩種，長期忠誠是顧客長期的購買，不易改變選擇，而短期忠誠是指當顧客有更好的廠商或產品選擇時，就會立即拂袖而去。

Griffin(1996)指出忠誠度的形成包括重複購買與對特定產品與服務態度上的偏好。

Oliver, Rust, and Varki(1997)認為，顧客忠誠度是指雖然受到環境影響或行銷手法可能引發潛在的轉換行為，但顧客對其所喜好的商品或服務的未來再購買和再惠顧之承諾仍不會有所改變。

Bowen and Shoemaker(1998)認為顧客忠誠度是顧客再次光臨的可能性大小，並且顧客願意成為此企業的一分子。

Shoemaker and Lewis(1999)提出「忠誠度三角」模式(Loyalty Triangle)，建立顧客忠誠度的架構忠誠度三角分別為：

1. **服務過程**：服務運作的過程，包含所有需要顧客與服務提供者一起參與的所有活動。

2. **價值創造**：包含價值增加和復得。

3. **資料庫管理／溝通**：建立顧客資料庫以知道顧客的喜好、習慣，以提供顧客特別的服務，並利用廣告信函與活動通知等與顧客聯繫。

Frederick(2000)認為所謂的「顧客忠誠度」指的是正確顧客的信任；也就是說，爭取值得投資的顧客，並贏得顧客的承諾關係。

Jacoby and Kyner(1973)對忠誠度的定義為：

1. 忠誠度是一種偏好的態度和行為上的表現

顧客對於某一個廠商的產品會有忠誠度，除了顧客本身的態度是偏好這個廠商的產品外，還需要有實際的購買行為。如果顧客對於某個廠商的產品在實際的購買行為上具有忠誠度，但在態度上並不喜歡這個廠商的產品，則稱之為假的忠誠。所以，忠誠度是一種特定廠商的產品偏好加上實際購買該產品的行為，即可稱之為具有忠誠。

2. 忠誠度是經過一段時間的持續性表現

顧客對於忠誠度的形成，需要經過一段時間的經驗累積。所以，忠誠度形成必須跨越兩個時點，在這兩個時點之間顧客產生持續性的購買，才可稱之為忠誠度。

3. 忠誠度是一種決策單位的表現

當顧客對某一廠商的產品具有忠誠度時，他的購買行為會較集中於該廠商的產品。所以，忠誠度是一種決策的單位表現。

4. 顧客對於某一產品的所有廠商，在他的印象只有幾個廠，記得的廠商數越少，表示忠誠度越高。

5. 以顧客心理層面的認知，也就是顧客的態度來定義，當顧客心中只知道這個廠商的產品，則稱他對該廠商的產品具有忠誠度。

6.3　顧客忠誠度行為的類型

有關商業活動忠誠度之本質，主要有兩種觀點：

1. 以行為的觀點來定義忠誠度；通常是強調購買的次數，並藉由監測這類購買與品牌轉換的情形來衡量此一變數。

2. 以態度的觀點來定義忠誠度，它融入了顧客偏好與對某一品牌的傾向，作為決定忠誠度程度之標準。

不論是何種來源的忠誠度，一般都會假設它代表著在某特定期間向相同的供應商重複的採購。從行為面的定義來看，其可能產生的問題是顧客之所以會重複的惠顧，除了忠誠度外，尚有許多其他的理由，包括其他可資選擇的機會很少、習慣性、低所得及便利性…等等，故上述顧客忠誠度的意義僅是關係長度(Relationship Longevity)，而非關係強度(Relationship Strength)。

有關顧客忠誠度之更完整的定義為：歷經一段長期的時間，某一決策單位皆自一群「供應商」中選定其中一家「供應商」之偏差的（即非隨機性）行為反應（即重複惠顧），這是一種基於顧客對品牌的承諾所產生出來的顧客心理層面（決策制定與評估）之程序功能。

由此可知，僅是重複惠顧並不足以定義忠誠度，若要更具可信度，則顧客忠誠度必須被定義為「顧客有偏差的重複購買行為」或「顧客基於喜愛的態度而做重複的惠顧」。顧客忠誠度可能產生自關係外在的因素，如關係所依附的市場結構（且可能受到地理區域的限制），亦可能來自內在的因素，如關係強度及關係發展期間一些重要事件的處理。

6.4　顧客忠誠表現方式

描述顧客忠誠類型與非忠誠的顧客行為有許多方式，其中一種說法，以三種方式來討論顧客的再度惠顧之行為：

1. **轉換的行為(Switching Behaviors)**：意指購買僅是一種「A 或 B」兩者選一的決策；亦即顧客留下來（忠誠）或投向競爭者懷抱（轉換）。

2. **偶然的行為(Promiscuous Behaviors)**：意指顧客從事「一連串的購買」決策，但仍落在「A 或其他」的決策範疇內；亦即顧客總是留下來（忠誠）或者突然轉變至其他各種方案之選擇（偶然的）。

3. **一夫多妻的行為(Polygamous Behaviors)**：同樣的，顧客從事一連串的購買，但他們對其中數項商品皆有忠誠的行為，意謂著顧客對你的品牌比起其他的品牌存在或多或少的忠誠。

　　根據顧客研究與實務經驗所顯示出來的跡象，似乎傾向於支持偶然的與一夫多妻制的型態較為普遍，多數的顧客皆為多種品牌的購買者，且其中僅有少數的購買者是百分之百的忠誠。這可能由於顧客擁有全面性的需求，因此光從某一企業的產品與服務是無法有效的滿足其需求的。

　　顧客會主動的與其偏愛的品牌（產品製造商、服務供應商、品牌擁護者或零售商）發展關係，進一步的提供購買者更大的心理保障，並創造出歸屬感，具有強勢的相對態度(Relative Attitude)與經常惠顧供應商的顧客，基本上可歸類為忠誠顧客的類型；然而，對於那些相對弱勢態度（呈現明顯不滿意態度）的顧客，由於沒有別的供應商可供選擇，只好繼續此段關係，此時即使經常向該供應商惠顧，但亦僅能歸屬於「虛假忠誠」(Spuriously Loyal)的顧客。

　　「潛伏」(Latent)忠誠顧客的類型，他們具有正向的態度，但可能基於非潛在的滿意度之理由（如地點的因素），而無法經常的惠顧該供應商，顧客滿意度之所以一直被用作忠誠度衡量之替代指標，乃因為我們一直假定滿意度對購買傾向的影響是正向的。

6.5 顧客忠誠度之衡量

　　顧客忠誠度可以是顧客「個人的態度」與「重複購買」行為，學者對顧客忠誠度的衡量方法中，一般而言，顧客忠誠度可視為「個人的態度」與「重複購買」這兩者關係的強度。

　　顧客忠誠度的衡量，大部分的學者均將焦點集中於重複購買率上，評估顧客忠誠應綜合態度面及行為面來考量，並依此將顧客忠誠分成四個不同的層級，分別為：虛假忠誠、真實忠誠、低度忠誠及潛在忠誠。顧客忠誠的驅動因子方面，顧客忠誠的驅動因子分別為顧客對公司正面的口碑行銷與高的轉換成本。

　　而會形成正向口碑，主要是因為顧客對公司的產品或服務等因素滿意所造成。高的轉換成本會使顧客較不容易轉向其他競爭對手，使顧客和企業交易的期間加長，進而增加企業的獲利。

Dick and Basu(1994)以圖形方式來說明顧客忠誠類型；他們以「相對的態度」（強或弱）與「重複惠顧行為」（高或低）等兩個概念，來將一個組織劃分成四個顧客忠誠類型類別，如圖 6-1 所示。

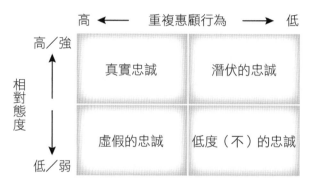

▲圖 6-1　顧客忠誠類型中相對態度與重複惠顧行為之關係

6.6　忠誠度的型態

Griffin(1996)認為除了偏好外，決定顧客對產品或服務是否忠誠的因素是重複的支持，因此他將支持分成兩個構面，而將忠誠度分為圖 6-2 之四種型態。

▲圖 6-2　忠誠度之四種型態

1. 缺乏忠誠度的顧客

相對偏好低且重複支持度也低者，他們永遠不會成為忠誠的顧客，因此企業要避免將目標設定在這些顧客上。

2. 遲鈍忠誠度的顧客

相對偏好低但重複支持度高者；這類顧客的購買原因不是因為喜好，而是因為我們總是用此類商品或因為此商品購買方便，企業應加強自我與競爭者間的區隔，使可能遲鈍的忠誠度轉為高度忠誠度。

3. 潛伏忠誠度的顧客

相對偏好高但重複支持度低，影響此類顧客重複購買的決定因素，除偏好外更有環境因素，企業可以針對環境因素設定策略。

4. 具有忠誠度的顧客

相對偏好且重複支持度高者，此類的顧客會成為此項產品或服務的免費宣傳者，是企業最需要維持住的顧客；要開發一個新的顧客所投入的成本，遠高過維持舊客戶的成本，因此企業不能只重視拓展市場占有率，也應該重視舊客戶的維持，與顧客建立良好關係，培養忠誠的顧客，才能為企業創造利潤，降低成本。

6.7 衡量忠誠度的角度

衡量忠誠度應看企業是否能建立持續性關係，並藉由重複購買的意向和滿意顧客對價格的接受情形來衡量顧客忠誠度。可由以下三個角度來衡量忠誠度：

1. **再購買意願**：將購買意願與顧客滿意度衡量及連結，再次購買便成為未來的強力指標。

2. **基本行為**：依企業的交易資料來評估顧客的消費時間、頻率、數量等購買行為。

3. **衍生行為**：顧客的介紹、推薦與口碑，進而引進新顧客。

忠誠度與價值創造間，有一連串重要的因果關係，要建立有效的忠誠度測量，就應從了解價值在企業內外流動的情形開始，亦即顧客、員工與投資人之間的雙向流動。

6.8 顧客忠誠度發展階段

依據忠誠度的不同，將顧客分為五個階段，同時也提出在每個階段應如何經營個別階段的顧客及給予適切服務，促使其忠誠度提升成為進階顧客，促使企業經營成功。五個階段如下：

1. **潛在顧客(Prospect)**：有興趣向你購買某樣商品的人。

2. **購物者(Shopper)**：至少購買商品一次以上的顧客。

3. **顧客(Customer)**：向某特定企業購買某樣商品的人。購物的原因：(1)為了使自己感覺舒服、(2)為了解決問題；只要能滿足以上任一需求，就可以完成一筆交易，即能夠擁有一位顧客。

4. **常客(Client)**：定期向特定企業進行購買的人。讓一位顧客成為老客戶或是使顧客忠誠度上升到能向公司購買所銷售的產品，讓他們覺得自己很重要，最常用的方式便是獎勵他們。

5. **廣告人代言人(Advocate)**：向所有的人述說公司的產品及服務多佳，也就是願意替企業進行推薦行為的人。廣告代言人可以幫助企業的營業成長，出自於自願的證言，為所有廣告宣傳手法中最強而有力的方式。

6.9 反應忠誠度的落差

　　顧客忠誠度比顧客滿意度的測量更能達到重複購買的目的。顧客滿意度與其實際行為之間會有較大的落差，此乃因：

1　通常過了一段時間，顧客會對其滿意度產生質疑，同時未察覺他們自身所採行的行動。

2. 通常人會以觀察作為溝通的手段，而且他們的觀察通常和價格有關。

3. 滿意度測量本身的不可靠性。

　　Disk and Basu(1994)提出有關忠誠度的架構，認為顧客忠誠度可視為個人態度與再次購買兩者之間關係的強度，而影響的態度有認知、情感和抗拒三構面，另外社會規範和環境也會干擾其中關係的強度。換言之，忠誠度是顧客個人態度及再惠顧意願兩者關係的強度，兩者之間的強度關係越強，則顧客會再次惠顧的機率越高，顧客的忠誠度也就越高，而顧客滿意即是顧客個人態度的呈現。

　　Oliver(1997)認為顧客忠誠度是儘管受到環境影響和任何行銷手法可能引發潛在的轉換行為，但顧客對所喜好的產品或服務的未來再次購買的承諾仍不會有所改變。Oliver 對於忠誠度的基本定義，可以將品牌忠誠分為兩大部分，分別是態度忠誠度與行為忠誠度，態度忠誠是屬於顧客理論層次的，而行為忠誠則偏向顧客實際購買行為面。

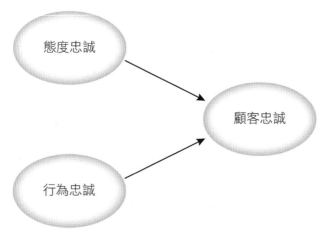

▲圖 6-3　顧客忠誠度

　　顧客忠誠度可以是顧客個人的態度與重複購買行為，學者對顧客忠誠度的衡量方法，一般而言，顧客忠誠度可視為個人的態度與重複購買這兩者關係的強度，過去的學者對於顧客忠誠度的衡量方式各不盡相同。

　　Jones and Sasser(1995)則將顧客忠誠度定義為顧客對特定企業的人、產品或服務的依戀或好感。並將顧客忠誠度之衡量方式歸納為三大類：

1. **再購意願(Intent to Repurchase)**：指的是任何時候詢問顧客未來是否再度購買特定產品或服務的意願。

2. **主要行為(Primary Behavior)**：是以顧客與公司交易的資訊來實際測量顧客忠誠度，這些資訊是以最近之購買經驗與行為進行分析，包括購買時間、購買頻次、購買數量及保有時間等。

3. **次要行為(Secondary Behavior)**：顧客是否願意公開推薦或介紹該產品（或服務）以及口碑等行為，進而引進新顧客。

　　Griffin(1995)認為忠誠度關係到購買行為，當一個顧客是忠誠的，其所表現的購買行為乃是透過某種決策單位有目的性的購買，並且是主動地支持而非被動地接受該公司產品和服務的人。

　　Griffin(1997)具體的定義顧客忠誠度，並認為忠誠的顧客具備以下四個特點：(1)經常性重複購買；(2)惠顧公司提供的各種產品或服務系列；(3)建立口碑；(4)對其他競爭業者的促銷活動具有免疫性。

6.10 顧客忠誠度特點

將顧客忠誠度區分為口碑行銷與轉換成本兩項。分述如下：

1. 口碑行銷之相關影響因素

會形成正向口碑行銷的主要因素，是因為顧客對企業所提供的產品或服務等因素滿意所造成。滿意的顧客會向他的親友推薦、介紹企業所提供產品或服務的優點，即使在沒有獲得任何好處的情況下。例如：電信業者推出網內互打免費方案廣告，要顧客把親朋好友拉進來，即是同樣的道理。

2. 轉換成本之相關影響因素

高的轉換成本會使顧客較不容易轉向其他競爭對手，使顧客和公司交易的期間加長，進而增加公司的獲利。轉換成本分為：損失績效成本、不確定成本、轉換前評價和搜尋成本、轉換後行為成本、設立成本和沉入成本等六項。

Anderson(2000)對顧客忠誠所下的定義：認為顧客忠誠實際上是一組織經由顧客所創造的利益，以至於他們將維持或增加他們從組織的購買。真實的顧客忠誠是由顧客在沒有誘因的情況下變成組織的宣傳者所創造。

▶▶▶ **臺灣楓康超市**

臺灣連鎖超市經營概況

　　臺灣便利超商、連鎖超市與量販店等蓬勃發展、迅速展店,狀態似乎已趨於飽和。臺灣各地的大街小巷已遍布便利超商,便利超商與連鎖超市櫛比鱗次,同時臺灣的量販店似乎超過合理比例,因此,業界在競爭策略不得不以「價格戰」為主,生鮮超市如何在眾多零售通路中殺出一條血路,以維持在快速消費商品的競爭零售業求得生存是流通業目前重大課題。

　　超市中主要以快速消費商品「快速流動之消費性商品」(FMCG－Fast Moving Consumer Goods)為營業重點商品,主要是指顧客需要不斷重複購買的商品,因為此類商品使用壽命較短,消費速度較快,其包含食品、化妝品、洗滌用品、電池、飲料、衛生紙等民生必需用品。零售通路需依靠顧客重複和高頻次的使用與消耗,以創造規模的市場量,來獲得利潤和價值的實現。因此在快速消費品採購與銷售端

▲圖 6-4　消費商品推廣與季節檔期影響顧客購買意願

都有「試銷期迴轉」認知,假若新廠商無法讓新品銷售量在試銷活動期內突破既有商品,即表示還是既得利益者(現有商品)占有優勢。

　　快速消費品與其他類型消費品相比,在購買決策和購買過程有著明顯的差別。快速消費品大多屬於衝動購買商品,屬於即興採購商品或低思考性商品。顧客易從產品的外觀形象、包裝設計、廣告促銷、價格數字、販售據點等購買進行決策,這些因素對銷售有著極大重要影響。因此,快速消費品有以下三個基本特徵,這些特徵決定消費者對快速消費品的購買習慣:

1. **及時便利性**:顧客習慣方便及時的購買。

2. **視覺化產品**:購買時顧客容易受包裝設計與賣場陳列氣氛影響。

3. **品牌忠誠度低**:同類產品中顧客可能輕易轉換不同的品牌。

▲圖 6-5　臺灣楓康超市更名後使用全新品牌識別系統

臺灣楓康超市保證與承諾

　　興農股份有限公司自 1955 年創業以來，經營規模不斷擴大，關係企業有生鮮超市、化學事業、國際貿易、水泥製品、家用及環境衛生用品事業、塑膠製品、國興資訊。臺灣楓康超市（原名「興農超市」）隸屬於興農集團旗下之關係企業，2019 年 12 月網路資料顯示共有 48 家門市、1 家網購門市，於 2008 年 10 月與興農集團分割，更名為臺灣楓康超市，為股票掛牌進行準備，並著手執行展店作業規劃。臺灣楓康超市其對消費者有七大保證與承諾：

1. 蔬果保證皆經農藥殘留率檢驗合格。
2. 水果保證甜！不甜一粒換兩粒。
3. 肉品皆經 CAS 驗證、檢驗合格。
4. 熟食麵包只賣新鮮、不賣隔天。
5. 魚肉皆經磺胺劑、抗生素檢驗合格才上架。
6. 「楓康四日鮮蛋、蛋蛋有日期」顆顆新鮮、只在架上販售四天。
7. 「楓康高優質鮮奶」罐罐新鮮、只在架上販售四天。

▲圖 6-6　配合農業單位政策替區域農產品增加銷售量帶動產地品牌化

臺灣諸多的連鎖生鮮超市體系中，可以從中發覺數家連鎖生鮮超市，店鋪都分布於全臺各地，如頂好惠康生鮮超市、全聯福利中心等，而臺灣楓康超市至 2019 年底前僅以中彰投地區與新竹地區為深耕經營，為何臺灣楓康超市目前僅布局於中彰投及新竹地區，公開資訊顯示楓康超市沒有往桃園以上或雲林以南展店的規劃？是否考量展店策略或經營布局發展？

▲圖 6-7　楓康超市展店規劃考量最適物流配送與區域服務能量

供應中心結合農產地特色

楓康生鮮超市最大的資源即是全臺 300 多家供應中心（農藥、肥料專業咨詢服務處），快速取得產地農產品品質與成長狀況，經由集團內資源共享原則，將產區當季最佳品質的農產品轉運到超市販售，讓優質農產品產銷可以平衡，地區供應中心更可有效將前端消費者需求傳遞予農友們，互動資訊不間斷，是楓康生鮮超市在臺灣「生鮮超市」中獨有的競爭力。

為達到產銷供需平衡、通路及消費者多贏局面，在楓康超市協助推動各縣市鄉鎮特色量產農作物行銷，如雲林良品季、南投柳橙節、溪湖葡萄節、埔里茭白筍節、農夫市集、臺灣精饌米節等行銷策略與活動。

2019 年也率先同業導入行政院農委會水土保持局南投分局的農萊陣線商品。農萊陣線是整合在地彰投雲嘉等四縣市的農社企、生產合作社與社區產業的農產平臺。讓顧客在消費選擇上能夠以友善農業、產銷履歷、地方特色產物、食品安全等議題用行動支持在地小農。

▲圖 6-8　楓康超市以行動支持特色農產品發展

　　近年來政府積極推動農產品精緻化、品牌化、特色化，透由認同在地優質農特產品的通路進行推廣，楓康超市長期致力配合政府政策共同推動優質農產品，於 2020 年元月配合春節執行雲林縣政府雲林良品宣傳，以強化顧客對超市商品差異化的支持！

▲圖 6-9　楓康超市結合雲林縣政府共同行銷「雲林良品」

▲圖 6-10　承諾顧客給予顧客最具保障的特色產品

以安全控管的信賴建立顧客忠誠度

　　興農供應中心同仁給予農民的感受是誠實、親切及熱情服務，楓康超市同仁給予消費者是信任、樸實及熱忱細心，整個集團呈現的企業文化特質讓顧客有高度信賴感，因為有經營化學事業，比其他超市更具安全控管的專業與能力，在產業中或許會將經營農藥當成內部弱勢與外部威脅，但依目前楓康超市對食材控管能力而言，因對農藥的專業與了解，可以確保飲食上的安全，似乎是明顯的內部優勢搭配外部機會的呈現。

　　楓康生鮮超市除直接由源頭掌握品質外，每日進貨更嚴格執行各項檢驗作業，確保每一項食材到消費者餐桌上都是有保障的，楓康超市是臺灣最早導入農藥快速殘留檢驗超市體系，2016 年更成立玉美研檢驗中心，致力達到農藥殘留合格才上架銷售，在二十多年前即仿效日本諸多食品採取日配限期販售，如牛奶、雞蛋、臺酒生啤酒等在貨架上只賣 4 天等創新業界經營的策略。

物流配送中心支援前端店鋪強化顧客認同

物流配送效率與展店範圍有極大的關聯，楓康超市穩健保守，主要專注在中彰投地區的營運，利用在地化的經營與消費者培養感情，確實讓中部地區許多區域超市業者都需閃避楓康超市所經營區域，可見楓康超市強化顧客忠誠度的用心。

以臺中市大肚區為物流中心向外由省道、國道、快速道路連結臺中、南投、彰化，建構每日二配的經營效率，有效減少店內庫存過高，落實物流作業中越庫管理（指貨物從收貨過程直接「流動」到出貨過程，穿過倉庫，其間用最少的搬運和存儲作業，減少收貨到發貨的時間，降低倉庫存儲空間的占用）。保持商品最新鮮的效期，讓客戶購買到最佳品質的商品，亦是顧客喜愛楓康超市重要的因素之一。

另外，零售業者在主要大型活動檔期，都需與顧客溝通販售，楓康超市各店主動與地方企業、廟宇等互動深耕，近年來成功協助各廟宇大小場次的普渡活動，更曾創下全臺最多桌數的大型中元普渡法會，這都是經營管理階層的用心，與各店店長勤走地方基層寺廟的成果；中元普渡活動辦理考量場地，多數都是臨時申請道路使用，配合整體流程都有時效限制，因此，楓康超市同仁都必須利用夜間時間，進行「擺桌」業務，每一桌上需放置白米包裝、米粉、泡麵、罐頭、飲料等普渡品，每一個轉向、每一桌產品內容都需一次次的檢視確認，直到清晨將普渡現場交給委辦寺廟主管，因為歷年成效好口碑佳，從早期店長要一一拜訪寺廟，到目前都是寺廟主動委託辦理。楓康超市堅持提供的普渡商品，品管作業與店內販售都相同，都是知名品牌包裝的產品，這亦是楓康超市能在普渡市場快速勝出的策略。

(　　) 1. 臺灣便利超商、連鎖超市與量販店等蓬勃發展、迅速展店，業界在競爭策略不得不以何者為主？　(A)折扣戰　(B)廣告效益　(C)群體戰　(D)價格戰。

(　　) 2. 零售通路需依靠何者和高頻次的使用與消耗，以創造規模的市場量，來獲得利潤和價值的實現？　(A)專屬品牌　(B)顧客重複　(C)顧客高消費　(D)顧客好評度。

(　　) 3. 快速消費品與其他類型消費品相比，在購買過程與何者有著明顯的差別？　(A)購買次數　(B)購買折扣　(C)購買決策　(D)購買頻率。

(　　) 4. 快速消費品大多屬於何者，屬於即興採購商品或低思考性商品？　(A)民生必需品　(B)消耗性產品　(C)衝動購買商品　(D)平價商品。

(　　) 5. 顧客易從產品的外觀形象、包裝設計、價格數字、販售據點及何者等購買進行決策，這些因素對銷售有著極大重要影響？　(A)品牌口碑　(B)廣告促銷　(C)網路評價　(D)親友推介。

(　　) 6. 農萊陣線是整合在地彰投雲嘉等四縣市的農社企、社區產業與何者的農產平臺？　(A)生產合作社　(B)農會　(C)合作超商　(D)便利商店。

(　　) 7. 顧客在消費選擇上能夠以友善農業、地方特色產物、食品安全與何者等議題用行動支持在地小農？　(A)產銷履歷　(B)價格數字　(C)購買便利性　(D)網路評價。

(　　) 8. 楓康超市是臺灣最早導入何者的超市體系，2016 年更成立玉美研檢驗中心，致力達到農藥殘留合格才上架銷售？　(A)中央生鮮處理　(B)物流中心　(C)自動結帳系統　(D)農藥快速殘留檢驗。

(　　) 9. 什麼實際上是一組織經由顧客所創造的利益，以至於他們將維持或增加他們從組織的購買？　(A)顧客喜好　(B)顧客忠誠　(C)品牌口碑　(D)網路評價。

(　　) 10. 顧客忠誠度可以是顧客「個人的態度」與哪種行為？　(A)個人喜好　(B)個人價值觀　(C)重複購買　(D)衝動購買。

解答：1.(D)　2.(B)　3.(C)　4.(C)　5.(B)　6.(A)　7.(A)　8.(D)　9.(B)　10.(C)

參考文獻　REFERENCES

Aaker D.A(1991), Managing Brand Equity, Free Press.

Aaker D.A(1996), Building Strong Brand, New York, The Free Press.

Aaker, D.(1995), Managing Brand Equity. NY： The Free Press.

Anderson, Rolph, E.(1996).Personal Selling and Sales Management in the New Millenium, Joumal of Personal Selling and Sales Management, 76(11/12), 5-15.

Berger, P. D., Bechwati, N.N.(2001). The allocation of promostion budget to maximize Customer equity, Omega, 29(1), 49-61, Oxford.

Blattberg, R.C., Getz, G., Thomas, J.S.(2000).Customer Equity： Building and Managing Relationships As Valuable Assets, Boston, Harvard Bussiness School Press.

Blattberg.R.C., Deighton, J.(1996).Manage marketing by the customer equity test, Harvard Business Review, 74(4), 136-144.

Czinkota, M.R., Mercer, D.(1997).Marketing Management： Text & Cases, Cambridge, MA： Blackwell Publishers, Ine.

Disk, Alan S and Basu Kunal(1994), "Customer loyalty： Toward an tntegrated conceptual framework" Journal of the Academy of Marketin Science, v22(2), 99-113

Dorsch, M., and Carlson, L.(1996).A transaction approach to understanding and managing customer equity, Joumal of Research, 35(3), 253-265, New York.

Dorsch, M., Carlson, L., Raymond, M.A., Ranson, R.(2001).Customer equity management and strategic choices for sales managers, The Joumal of Personal Selling & Sales Management, 21(2), 157-166.

Dwyer, F.Robert, P.H., Schurr, Sejo O.(1987).Developing BuyerSeller Relationships, Joumal of Marketing, 51(41), 11-27.

Fahey, F.(1988).Valuing Marketing Strategies, Joumal of Marketing, 52(7), 45-57.

Gordon. R M.(2000).Driving Customer Equity, Marketing Management： 9(3), 62-63, Chicago.

Griffin J.(1997), "Customer Loyalty How to Eam It, How to keep It", Lexington Book, NY.

Jacoby, kyner and David B.(1973).Brand Loyalty vs.Repeat Purchasing Behavior Journal of Marketing Reasearch, 1-9

Kidd, P M.(2000).Driving Customer Equity： How customer lifetime value is reshaping corporate strategy, Joumal of Advertising Research, 40(5), 54-56, New York.

Kotler, P.(1996), Marketing Management： An Asian Perspective, NJ： Prentice Hall Inc.

Maas, J.(2000).Driving Customer Equity： How Lifetime Customer Value Is Reshaping Corporate Strategy, Sloan Management Review, 41(4), 106-107, Cambridge.

Mittal, V.(2001).Driving Customer Equity： Customer Lifetime Value Is Reshaping Corporate Strategy. Joumal of Marketing, 65(2), 107-109, New York.

Moore, C.L., Robert K., Jaedicke.(1976).Managerial Accounting, fourth edition, Cincinnati： South-Westem Publishing Co.

Pitt, L.F., Ewing, M.T., Berthon, P.(2000).Tuming competitive advantage into customer Equity, Business Horizons, 43(5), 11-18.

Raphel, N and Raphel, M.(1995), Loyalty Ladder, Harper Collins Publishers Inc.

Rust, R.T., Zeithaml, V.A., Lemon, K.N.(2000).Driving Customer Equity： How Customer Lifetime Value Is Reshaping Corporate Strategy, New York, The Free Press.

Rust, R.T., Zeithaml, V.A., Lemon, K.N.(2001).What drives customer equity, Marketing, Management, 10(1), 20-25, Chicago.

Stewart, T.A.(1995).After All You've Done for Your Customers, Why Are They Still Not Happy?, Fortune, December 11, 178-182.

Weitz, B.A., Bradford, K.D.(1999).Personal Selling and Sales Management： A Relationship Marketing Perspective, Joumal of the Academy of Marketing Science, 27(Spring), 241-254.

Wilson, D.T.(2000).Deep Relationships： The Case of the Vanishing Salesperson, Joumal of Personal Selling and Sales Management, Winter, 53-61.

Wortman, S.(1998).Measure marketing efforts with customer equity test, Marketing News, 32(11), 7-18, Chicago.

Zeithaml, Valarie A.(1988).Consumer Perceptions of Price, Quality and Value： A Means-End Model and Synthesis of Evidence, Journal of Marketing, 52(7), 2-22

顧客服務品質案例分享—田野勤學

7.1 ▶ 關於服務品質

　　服務品質與顧客滿意度對行銷形象來說尤其重要，如果能藉由優良的服務品質來獲得足夠的顧客滿意度，則企業即能處於較好的競爭優勢狀態。顧客的回購率通常取決於服務品質與顧客滿意度，服務品質係指迎合顧客的期望，在其中重要的是顧客對品質的界定，而非企業內部管理階層的看法，而顧客滿意度決定於顧客所預期的產品或服務利益的實際程度，它反應的是「預期」與「實際」結果的一致程度，因此服務品質與顧客滿意度此兩者因素將能影響顧客的購買情況。

　　服務品質的範圍涵蓋廣泛，包括所有硬體、軟體及心理品質等，並不侷限於顧客與員工之間的互動關係。而顧客滿意度是其購買產品後心中的滿意程度，若高於預期，則是對產品帶有滿意感；若是購後的滿意程度低於心中預期，則代表並不滿意產品。顧客滿意並不只限於滿意產品本身，更包含人員服務態度及商店內所提供額外的服務等。

7.2 ▶ 服務品質和顧客滿意度區別

　　顧客滿意度是介於服務品質和購買意願間的一項中介變數，即服務品質導致滿意度形成購買意圖，當企業提供高的服務品質，則可更容易地獲取顧客滿意度，反之若無法提供良好的服務品質，則無法獲得較高的顧客滿意度。因此，服務品質與顧客滿意度兩者之間有密切正向相關的關係存在著。

　　關於服務品質和顧客滿意度概念上的區別，主要如下：

1. 服務品質的構面較明確，而顧客滿意度則可從任何構面。

2. 對服務品質的期望是基於理想或卓越的知覺，而顧客滿意度的期望是基於需求、公平、適當的知覺。

3. 對服務品質的知覺評價不需要實際的服務經驗，而顧客滿意度評價則需要實際的經驗。

4. 服務品質比顧客滿意度有較少概念上的前置因素。

5. 服務品質基於顧客的知覺，而顧客滿意度則不僅基於當時和過去的經驗，也基於未來的經驗。

7.3 顧客購買意圖的形成

知覺服務品質和顧客滿意度評價，對顧客購買意圖的形成有某種程度的影響。到目前為止，在現有的文獻實證中有二種不同的看法：

一、服務品質導致滿意度形成購買意圖

Crnonin and Taylor(1992)實證結果認為顧客滿意度是介於服務品質和購買意圖間的一項中介變數，即服務品質導致滿意度形成購買意圖。Taylor and Binker(1994)則提出如下的研究假設：服務品質和顧客滿意度之間的互動比二者各自對購買意圖的影響能提供較大的解釋。更明確解釋即購買意圖等於顧客滿意度評價加上服務品質的知覺加上品質和滿意度的互動。

二、滿意度導致服務品質形成購買意圖

Bitner(1990)認為顧客滿意度是服務品質的前置因素，即滿意度導致服務品質形成購買意圖。Bolton and Drew(1991)亦認為滿意度是服務品質的前置反應。

過去對服務品質的定義方式一直與滿意度混淆不清，近年來，有許多學者試圖將服務品質與滿意度加以釐清，服務品質和滿意度是不同的構念，當所提供的服務雖為低服務品質但實際表現超過顧客期望時，顧客仍然會感到滿足。Parasuraman, Zeithaml, Berry, Bolton, and Drew(1991)認為知覺的服務品質是一種態度的形成，是一種長期整體性的評估；滿意度是特定交易的衡量。

有關服務品質方面更明確的解釋，服務品質為顧客對某一組織和該組織所提供的服務好或不好的全部印象。

7.4 顧客服務品質

隨著年國民所得的不斷增加，各類型態的消費市場不管在質、量上，都產生重大的改變。量指的是市場的急遽膨脹；質指的是對於服務的要求，不再侷限以呈現風格或特色方面的要求，而是顧及到環境、空間、氣氛等各方面，全都列入顧客對於服務品質的考慮。

7.5 服務品質之內涵

有關服務品質的研究，係起源於歐洲學者早期所提出的觀念性架構，如 Gronroos(1982); Lehtinen and Lehtinen(1982) 與顧客滿意理論 (Oliver(1980))，而 Parasuraman, Valarie A. Zeithaml, and Leonard L. Berry 的貢獻則是相當具有開創性的，他們根據文獻探討與探索性研究，於 1985 年提出了缺口理論（PZB 模式，詳述於 7.12 及 7.13），並廣受肯定與引用。該理論模式包括了五個缺口，前面四個缺口是服務企業試圖提供優異服務品質的主要障礙，第五個缺口為消費者認知服務的缺口，它是前面四個缺口的函數，而顧客對服務品質的認知也取決於它的大小與方向。

7.6 服務品質之定義

1. Sasser, Olsen, and Wyckoff(1978)以材料、設備和人員三個構面來定義服務品質，而這一分類結果暗示著服務品質不只包括最佳的結果，也包含提供服務的方式。同時他們也認為服務水準(Service Level)和服務品質有相似的概念：服務水準就是所提供的服務對顧客帶來外在及隱含利益的程度，並且可將其分為期望服務水準(Expected Service Level)與認知服務水準(Perceived Service Level)。

2. Lehtinen(1983)則站在顧客的觀點來看服務品質，認為服務品質是一種過程品質 (Process Quality)，意即在服務過程中，顧客對此服務的主觀評價；另外，服務品質同時也是一種產出品質(Output Quality)，表示顧客對服務成果的衡量。

7.7 服務業品質特性

Kotler(1996)歸納出服務品質與產品品質之差異有四點：

一、無形性(Intangibility)

服務具有無形的特性。大部分的服務是不可數、無法衡量、沒有存貨情形、無法先行測試品質的。因此顧客在購買服務之前，是無法看到、品嚐、感覺、聽到或聞到的，無法事先判斷服務的品質的好壞，以致於造成顧客在消費時的知覺風險。

二、異質性(Heterogeneity)

服務具高度可變性，特別是在高度與人接觸的服務業。服務人員行為的一致性是很難保證的，服務的績效隨著提供者及接受者、時間、地點的不同，也會隨之不同。

三、不可分割性(Inseparability)

許多服務的生產與消費是不可分割的。服務不同於實體產品,必須經由製造、儲存、配送、銷售才得以消費,服務的消費與生產通常是同時進行。在勞動密集的服務業中,服務品質的發生通常是在接觸人員及顧客的互動間產生。

四、易消滅性(Perishability)

服務具有無法儲存的特性,沒有實體產品的「存貨」現象。服務必須在交易發生當時所產生,不像實體貨品可以先行將存貨製造出以等待出售,當服務的需求波動程度大時,服務業者無法利用存貨來解決過多的需求。

品質發生在服務傳送的過程中,尤其是在顧客和服務人員的互動中。因此服務品質和服務人員的表現、態度有非常密切的關係,然而服務人員的表現態度卻不像實體的貨品容易對品質進行控制。

7.8 · 服務品質種類與元素

服務業的種類既多,範圍亦廣,提供的服務方式也不一樣,日本學者杉本辰夫(1986)將其歸納成如下五類服務品質:

一、內部品質(Internal Quality)

內部品質指的是使用者看不到的品質,因為看不到,所以服務品質的好壞全仰賴提供服務者的內部作業是否充足完善。

二、硬體品質(Hardware Quality)

硬體品質指的是使用者看得到的品質,因為看得到,使用者對品質的好壞會有立即的感受與反應,硬體品質與製造業或農牧業所提供的產品品質是否良好息息相關。

三、軟體品質(Software Quality)

軟體品質指的是使用者看得到的軟性品質,軟體品質與硬體品質雖然一樣都看得見,但前者指的是實體產品,後者則針對「作業」而言。

四、即時反應品質(Time Promptness)

即時反應是指服務的迅速、排隊等候購物時間、服務人員前來接待時間、醫院等候看病時間、客戶抱怨的回覆時間、維修人員到府維修時間…等的長短，都反應此種品質的良好與否。

五、心理品質(Psychological Quality)

心理品質指的是服務提供者是否提供顧客有禮貌的應對，親切的招待，讓顧客感受舒服的服務。公司對外的服務品質上，在 1994 年巴洛瑞緬(Parasuraman)等人提出服務品質的定義：服務品質是指顧客對於服務的期望，第二個是顧客的感受之間的一個差距，這個差距量化了本來難以捉摸的服務品質。

巴洛瑞緬(Parasuraman)並提出 22 項（表 7-1）可以用來衡量顧客的期望的感受。

表 7-1　Parasuraman 22 種服務品質元素

1	先進設備	12	服務意願
2	具體設施	13	尊重顧客
3	員工外表	14	相信員工
4	設施外表	15	交易安全
5	信守承諾	16	員工態度良好
6	保證問題的解決	17	適當支援
7	穩靠性	18	注意顧客個別需求
8	服務保證	19	注重顧客個人
9	檔案正確	20	知道顧客一般需求
10	時間掌握	21	以顧客利益為主
11	迅速服務	22	合理方便的關放時間

由於上述 22 種服務品質要素實在太多，所以 Berry(1990)透過研究，將 22 種要素分組於 5 個項目：

第 1 項是實體的，所有的維施、設修、人員、溝通材料都屬於此一要項。

第 2 項是可靠性，意指公司可以很牢靠正確的執行他們所答應或保障的事情。

第 3 個項目是反應度，這與公司員工的意願有關，公司員工願意迅速確實的幫助或提供服務給顧客嗎？

第 4 項是保證，這與員工的知識、經驗、態度有關，也與員工的表現能力有關。

第 5 項是關心度，指的是員工能針對每一個不同的顧客需要提供適度的關切。

以上五大項廣為美國服務界採用，目前已成美國服務品質的五大指標。

7.9 ▶ 服務品質的觀念性模式

過去一直有許多學者陸續提出服務品質的觀念性模式，其中 Parasuraman, Zeithaml, and Berry(1985)三位教授所提出的服務品質觀念性模式最常為引用，一般簡稱「PZB 模式」。服務品質觀念化模式：

1. 若以顧客的觀點來看，何謂服務品質？

2. 改善或控制的服務品質步驟為例。

3. 在提供高品質服務時，曾遭遇之問題，另一方面對顧客進行實地訪問，與期望的服務之間有差距存在。

模式是將服務視為一種動態過程，服務品質乃決定顧客的滿足程度，其受制於顧客過去的經驗與主觀的知覺。基於以上的觀念以及強調服務過程是一種互動關係，所以此模式將顧客的知覺、心理、社會等因素以及管理者的知覺考慮在內，進而提出了五個服務品質缺口；並且認為服務品質有三項基本主題：

1. 對於顧客而言，服務品質較實體產品的評估品質難以衡量。

2. 顧客對於服務品質的知覺，主要來自顧客期望與實際接受服務的比較而來。

3. 品質的評估包括了服務的結果及服務的傳送過程。

7.10 ▶ 「PZB 模式」觀念

PZB 模式是指管理者對服務品質的知覺及服務傳送給顧客的過程中，存在一系列關鍵的缺口，而每一缺口的大小及方向皆會影響服務品質。如果業者要讓顧客的需求達到滿意水準，就必須縮小這五個缺口的差距。

　　而這五個缺口中，前四個缺口是服務業者提供服務品質的主要障礙，第五個缺口是由顧客認知服務與期望服務所形成的，且第五個缺口是前面四個缺口的函數，亦即：gat5 = f (gap1、gap2、gap3、gap4)，茲分別對這五個缺口說明如下：

* **缺口 1**：顧客期望－管理者認知缺口(Consumer Expection-Management Perception Gap)，管理者所認知的顧客期望服務品質與顧客所期望的服務品質一致，但管理者的認知及顧客所期望的服務品質中有差異存在。

* **缺口 2**：管理者認知－服務品質規格缺口(Management Perception-Service Quality Specification Gap)，在各種不同的因素－來源限制、市場考量及管理上的無差異，都可能導致管理者認知顧客期望及實際服務明細的不一致，這些不一致被預測為影響顧客認知品質的因素。

* **缺口 3**：服務品質規格與傳送服務的缺口(Service Quality Specification-Service Delivery Gap)，在服務的傳送過程中，服務接觸人員具重要的角色，即使執行服務的指導方針存在且正確地對待顧客，高度服務品質的績效可能仍無法確定。

* **缺口 4**：服務傳遞與外界溝通的缺口(Service Delivery-External Communication Gap)，企業的廣告及其他溝通方式會影響顧客的期望。外在的溝通不只影響顧客對服務的期望，還會包括顧客對傳送服務的認知。並且服務傳送和外在溝通的不一致（如誇大的承諾或對於顧客缺乏服務傳送方面資訊的提供）會影響服務品質的顧客認知。

* **缺口 5**：期望服務與知覺服務缺口(Expected Service-Perceived Service Gap)，此缺口是顧客對事前的服務期望和接受服務後認知間的差距。如果事後的認知大於事前的期望，則顧客對業者提供的服務品質會感到滿意；如果事後的認知未達事前的期望，則顧客對業者提供的服務品質將會感到不滿意，而口碑、個人需求和過去的經驗皆會影響到顧客對服務的期望。

　　研究指出顧客所知覺的服務品質決定於顧客期望服務與知覺服務之間的差距（缺口 5）大小。而服務品質會受服務設計、行銷和傳遞的影響，因此缺口五與缺口 1、缺口 2、缺口 3、缺口 4 存在有函數關係，即缺口 5=f（缺口 1、缺口 2、缺口 3、缺口 4）。如果顧客期望之服務高於知覺的服務，便會感到不滿意；如果顧客期望之服務低於或等於知覺之服務，他們便會感到滿意。由該模式中又可得知口碑、個人需求、過去經驗與外部溝通會影響到顧客對服務的期望。

7.11 服務品質觀念性模式

「服務品質觀念性模式」(A Conceptual Model of Service Quality)，此模式存在五個服務品質落差。

1. 認知落差。

2. 設計落差。

3. 執行落差。

4. 溝通落差。

5. 傳遞落差。

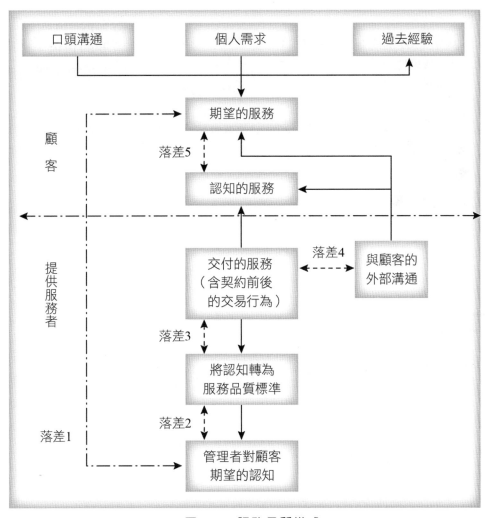

▲圖 7-1　服務品質模式

企業若想要全面提升品質，必須同時解決此五項落差，因為當顧客期望的服務與認知服務一致時，顧客對服務品質會感到滿意。由該模式可知，口碑相傳、個人需求、過去經驗將會影響顧客對服務期望的水準。因此在服務過程中，除了考量顧客的感受之外，亦要考慮服務業管理者的知覺，強調服務過程中的互動關係，其所涵蓋的層面較為完整。

此外 Parasuraman、Zeithaml 以及 Berry 還提出十項服務品質的決定因素，見圖 7-2。

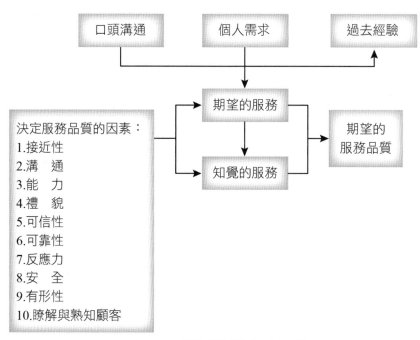

▲圖 7-2　服務品質的決定因素

7.12　品質分類

不管是有形商品也好、服務也好，我們可以根據顧客如何去判斷該品質，將商品的品質分為下列三類：

1. 探索品質。

2. 經驗品質。

3. 信用品質。

曾經有許多人做過研究，相關研究當中以 SERVQUAL（Service Quality 的簡稱）最為聞名。這是一個為測量顧客對服務品質的主觀看法而開發出來的手法。當初它是利用調查，篩選出可靠性、反應性、能力、禮貌、信用性、安全性、門路、溝通、物的要素、了解顧客等十個項目，之後經過統計的處理，整理成下列五個項目：

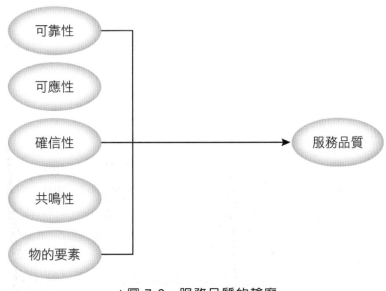

▲圖 7-3　服務品質的輪廓

Parasuraman, Valarie A. Zeithaml, and Leonard L. Berry 歸納出三個重點：

1. 對於顧客而言，服務品質的評估比產品品質困難。

2. 服務品質的認知係源自於顧客期望與實際服務表現之間的比較。

3. 品質評估不僅針對服務結果，還包括了服務提供過程。

7.13 認知的服務品質

Parasuraman, Valarie A. Zeithaml, and Leonard L. Berry 認為，消費大眾所認知的服務品質，係決定於期望服務(E)與認知服務(P)缺口的大小與方向，亦即 SQ=P-E。

服務品質係迎合顧客的期望，在其中重要的是顧客對品質的界定，而非管理階層的看法。認知服務品質的良窳視為一連續構面，至於顧客對服務品質的認知會落在連續構面的哪一點上，則取決於期望被滿足的程度。如果期望未被滿足，則消費

者的認知品質是不滿意的，且隨著其中差距的擴大，會逐漸往完全不能接受的品質趨近；如果期望被滿足，則認知品質將是滿意的；如果期望被超越，則認知品質將會非常滿意，且隨著其中差距的擴大，會逐漸往「理想品質」趨近。詳見圖7-4。

▲圖 7-4　認知服務品質連續構面

7.14 顧客期望水準

　　如果從顧客期望的角度看，Zeithaml, Valarie A., Leonard L. Berry, and A. Parasuraman 將顧客期望水準分為三大類：

1. **渴望的服務**(Desired Service)：即顧客希望獲得的服務。

2. **足夠的服務**(Adequate Service)：即顧客願意接受的服務，此兩者之間的差距稱之為容忍區(Zone of Tolerance)。

3. **預期的服務**(Predicted Service)：即顧客認為他們可能得到的服務。

　　關於服務品質之內涵，Sasser, Olsen, and Wyckoff 提出三種不同服務表現的構面，其中包括材料、設備以及人員。Gronroos 提出了兩種型態的服務品質：功能性品質(functional quality)與技術性品質(Technical Quality)；在其中，前者係指服務提供的方式，後者係指實際所提供之服務內容的品質水準。

　　就消費過程而 Lehtinen and Lehtinen 則將服務品質區分為過程品質與產出品質，前者係指服務進行過程中，顧客對服務水準的判斷；後者係指服務完成後，顧客對服務品質的評斷。Lehtinen and Lehtinen 的基本前提是服務品質的產生係源自於顧客與服務企業的「服務要素」之間的互動，基於此觀點，他們採用三個品質構面：

1. **實體品質**：包括服務的實體面（如設備或建築物）。

2. **企業品質**：包括企業的形象。

3. **互動品質**：係源自服務人員與顧客之間的互動，以及顧客與顧客之間的互動。

7.15 服務層次的需求

在低接觸服務裡，品質意謂著「符合規格」，但在高接觸的服務裡，光是「符合規格」並不足夠，服務人員一定還要滿足顧客更高層級的需求。提及考量顧客品質彈性的概念，相對於價格彈性，品質彈性是一個衡量品質對顧客購買決策重要程度的方式，顧客在寒風裡耐心等待進入夜總會的例子，顯示出低服務品質彈性，亦即，如此的不便並未影響其購買決策。

我們可以發現，服務品質的內涵包括過程品質與產出品質，在服務提供的過程裡，與顧客直接接觸的服務人員，固然在關鍵時刻扮演著重要的角色，並對顧客滿意與顧客的認知品質具有舉足輕重的影響，可是，提供支援服務的人員，雖然未與顧客直接接觸，但對服務的順利進行，卻也有著極大的影響。

「非專職行銷人員」(Part-Time Marketers)應包括與顧客直接接觸的接觸人員，以及未與顧客直接接觸的支援人員。行銷責任並不僅侷限於行銷部門，非行銷部門的人也擔負著某種行銷的角色與任務，如給顧客第一印象的總機人員與接待人員，提供服務給顧客的服務人員。

7.16 關係品質

顧客關係管理在行銷領域中扮演著極為重要的角色，根據 20/80 定律，80%的銷售是來自 20%的顧客，只要掌握住顧客資源就能增加企業收益，故良好的顧客關係可視為企業的競爭優勢。顧客關係管理的執行成效可由企業與顧客間的關係品質來決定，良好的關係品質不但能增加顧客的忠誠度，更能提升顧客的滿意度，而此關係的良窳是在持續與顧客的互動過程中建立，因此，要如何與顧客互動才能建立良好的關係品質，是一個很重要的課題。

在關係品質的構面上，可將 Crosby 的關係品質模式分為兩個部分，分別是「對銷售人員的信任」和「對銷售人員感到滿意」。除了這兩個構面外，尚有其他學者在探討關係品質的構面時，提出關係品質尚需包含承諾(Commitment)、協調(Coordination)、交流(Communication)、參與解決問題(Joint Problem Solving)、保證(Bonds)、一致的目標(Goal Congruence)、投入(Investments)、權力(Power)、利益(Profit)等構面的說法。

幾個能使顧客再上門，應注意的重要服務特徵：

1. 值得信賴(Be Reliable)。

2. 注重信譽(Be Credible)。

3. 留意形象(Be Attractive)。

4. 反應要快(Be Responsive)。

5. 善體人意(Be Empathic)。

　　以王品集團石二鍋的服務人員為例：服務人員需站在顧客的角度，設身處地為顧客著想，笑容洋溢、提供最親切的服務，為標準化點餐流程，系統、嚴謹的生產線機制注入人性的關懷。石二鍋為營造輕鬆、悠閒的氣氛，並享有滿足、喜悅與甜蜜之感覺，讓吃火鍋不再是冗長、不乾淨、不愉悅的事，帶給顧客「一個超乎想像且獨特的用餐經驗」。石二鍋的最大訴求就如同廣告中的說詞：「好安心、好涮嘴」，讓每一個進到店內消費的顧客，不只享用到優質的食材，更能感受到石二鍋所提供的服務品質，並且以整齊的服務品質，呈現給顧客具穩定水準的信心。

　　石二鍋不收取服務費卻以優質服務見長，因此能擁有一群忠誠的顧客。其掌握主要顧客群、顧客的使用目的以及提供足以滿足其目的之服務。良好的服務品質反映顧客的滿意度，顧客對你所做的形成的感受才是最重要的。而品質沒有高低之分，品質是絕對的。顧客認為它好就是有品質，否則就是沒有品質。下列為石二鍋追求良好服務品質時注意的層面：

1. 確認誰是顧客。

2. 掌握顧客使用目的，提供足以滿足其目的之服務。

▲圖 7-5　石二鍋在關係品質上的用心，留住不少回頭客

7.17 服務品質之衡量

在衡量服務品質時，可分為內部服務品質及外部服務品質之衡量：

一、內部服務品質之衡量

衡量服務品質應包括下列六個步驟：

1. 抽樣(Sampling)：以抽樣的方式來衡量品質水準。

2. 檢查(Checking)：將品質水準與既定標準相互比較。

3. 記錄(Recording)：將錯誤加以記錄。

4. 分析結果並界定主要問題何在。

5. 改正行動。

6. 結果驗證：事後稽核或追蹤以確定問題已獲決。

二、外部服務品質之衡量

Jeffery W. Marr 提出十一項設計「定量之消費者滿意調查」的基本原則來作為衡量外部服務品質的指標：

1. 應同時衡量消費者滿意程度並診斷公司之優劣點。

2. 基本上以現有顧客為隨機抽樣調查的對象。

3. 如後再抽出老顧客與新顧客，以了解其看法的差異，則更有利。

4. 應以定期的連續調查為佳。

5. 電話訪問為蒐集顧客意見最佳的方法。

6. 應將顧客重複購買的意願及願意將本公司推薦予他人的程度列入調查。

7. 應包括所有影響消費者滿意程度與購買行為的產品屬性或服務屬性列入調查內容。

8. 將各屬性的相對重要性及本公司績效水準，加以統計與分析，以「重要性－績效水準座標圖」繪出。

9. 競爭之品質或顧客滿意指標，應用來做為公司在市場上建立相對品質定位之用。

10. 提供管道以供顧客提出個人特定的問題。

11. 將調查結果用於日常作業。

7.18 「SERVQUAL」量表構面

　　Parasuraman, Zeithaml, and Berry(1985)發展出以顧客認知的服務水準和顧客期望的服務水準間的差異作為衡量服務品質基礎的「SERVQUAL」量表，該原始量表共有十個構面（服務品質決定因素）：

表 7-2　服務品質量表－SERVQUAL 量表十個原始構面

構面	內容
可靠性(Reliability)	包含績效的一致性及可靠程度，此指企業在第一次正確的實行服務。具體而言：帳單的正確性、保持記錄的正確性、有指示的時間屢行服務。
反應力(Responsiveness)	與提供服務員工的意願或準備的狀態有關，其包含：立刻寄出交易單、快速回覆給顧客、給予立刻的服務。
勝任力(Competence)	指擁有履行服務所需要的技能及知識，包括：接觸人員的知識與技能、作業支援人員的知識與技能。
接近性(Access)	包含接觸的容易及可接近性，指的是：接受服務的等待時間不會太久、作業的便利時間、服務設備的便利地點。
禮貌性(Courtesy)	接觸人員的殷勤、尊敬、深思熟慮及友善。
溝通性(Communication)	公司應針對不同客戶調整其溝通語言。對於教育良好的顧客，增加知識的層級，對於新手則應簡單及明白地說明，包含：解釋服務本身、解釋服務的花費成本、在服務及成本上的取捨做說明、向消費者確定問題會被處理。
信用性(Credibility)	可信賴、可相信及誠實的。其亦包含將消費者最佳利益放在心中，可提高可信度的方法有：公司名稱、公司聲譽、接觸人員的個人特質、在顧客的互動中強力推銷的程度。
安全性(security)	指免於危險、風險或懷疑，包含：實體的安全、財務的安全與機密性。
了解顧客(Understanding / Knowing the Customer)	致力了解顧客的需求，包含：學習顧客特別的需求、提供個人的注意、認識老主顧。
有形性(Tangibles)	包含服務的實體證據：實體設備、提供服務設備或工具、服務的實體代表物、在服務設施中的其他顧客。

　　而修正後之「SERVQUAL」量表係將原始的十個構面簡化成五個構面，但衡量方式仍是以顧客主觀的態度為衡量基礎，將顧客對服務期望水準與實際認知的差距，作為衡量服務品質優劣的標準。

📋 表 7-3　服務品質量表－SERVQUAL 簡化後的五個構面

構面	涵義
有形性(Tangibles)	包含實體設施、設備以及服務人員外表等。
可靠性(Reliability)	正確可依賴的執行服務承諾的能力。
反應性(Responsiveness)	服務人員幫助顧客的意願及迅速提供服務的能力。
保證性(Assurance)	服務人員的知識、禮貌以及服務執行結果值得信賴的能力。
同理心(Empathy)	能關心顧客並提供個人化的服務。

資料來源：Parasuraman A., Zeithaml V.A, and Berry L.L.(1988)

7.19　提升服務品質的策略

　　近年來對個別消費的行銷研究顯示，品質透過扮演價值與產品、服務的中介角色，對購買意圖有重要影響，所以服務提供者有必要在了解服務品質與滿意度之後，更進一步的研究如何制定提升服務品質的策略。

　　服務業在了解服務品質及滿意度之後必須更進一步的擬定提升服務品質的策略。Parasuraman, Zeithaml, and Berry 提出了五種提升服務品質的策略：

一、明確定義服務的角色(Define the Service Role)

　　服務角色之定義是建立服務的標準，並將此標準有效的傳達給服務人員，使其成為服務人員能了解、成為採取行動的準則。

二、員工才能的發揮(Compete for Talent and Use It)

　　高品質的服務必須由最適當的人才來傳遞，故在選用服務人員時須考慮何種人格特質、知識程度、技能適合執行此服務作業。

三、強調服務團隊(Emphasize Service Teams)

　　企業服務團隊的組織可以幫助鼓舞員工士氣，而透過團隊力量可維持高品質服務水準，使員工有歸屬感、參與感、認同感，並且以團隊力量來影響每一成員。

四、服務產品可靠性的肯定(Go for Reliability)

　　企業應設立可靠性標準，教導員工提供可靠服務的方法，並且要求員工承諾提供高品質、零缺點的服務，且第一次就把工作做好，許多研究證實，可靠度是服務品質要素中最重要的一項。

五、立即有效且慎重處理顧客的問題(Be Great at Problem Resolution)

　　當顧客對提供之服務產生問題或不滿時，如果立即有效的解決問題時，仍有機會換回顧客的信心或重建對服務品質的認知。

　　可採取下列方式來解決服務的缺點：

1. 提供簡便的訴怨管道。

2. 迅速親自出面解決問題。

3. 提供必要工具鼓勵員工有效的解決問題。

7.20 服務品質策略的訂定內涵

一、根據服務的特性擬定策略

　　由於服務具備了一些有別於實體產品的特性，所以首先我們就可以針對這些服務的特性，分別訂定因應策略。

　　Parasuraman, Zeithaml, and Berry 將服務特性造成的行銷問題與對的因應策略，整理如下表：

📇 表 7-4　服務特性所導致的行銷問題與解決策略

服務特性	行銷問題	解決策略
無形性	・服務無法儲存 ・服務無法藉由專利權加以保獲 ・服務無法展示 ・服務價格難以訂定	・善加管理有形物 ・多使用人力資料 ・刺激顧客做口碑宣傳 ・加強公司形象 ・利用成本會計作價格訂定 ・對購買後之顧客進行溝通
不可分割性	・顧客參與生產過程 ・其他顧客參與服務的生產過程 ・服務無法大量生產	・加強與顧客接觸之人員的遴選與訓練 ・顧客管理 ・建立更多的服務據點

表 7-4　服務特性所導致的行銷問題與解決策略（續）

服務特性	行銷問題	解決策略
質性	• 服務標準化與品質控制難以達成	• 工業化服務 • 顧客化服務
易消滅性	• 服務無法儲存	• 運用策略因應浮動的需求 • 從需求與供給方面同時調整，以使兩者更能配合

資料來源：A.Parasuraman, ValarieA. Zeithaml, and Leonard L.Berry(1985)

二、根據服務流程擬定的策略

另一種制定提升服務品質的方式，是針對服務的步驟與流程提出相關的策略，以消費前、消費時與消費後三階段來區分服務的流程，根據這三個階段建構因應的管理策略：

表 7-5　提升服務品質各階段的管理策略

管理階段	管理策略
消費前	• 服務品質的規劃與設計 • 適度的廣告宣傳與推廣行銷
消費時	• 利用標準化方式改進服務方式 • 利用小組活動教育訓練員工
消費後	• 對顧客進行意見調查 • 建構問題回饋處理系統

7.21　Parasuraman, Zeithaml and Berry 的整合性策略

Parasuraman, Zeithaml and Berry(1988)延續其在 1985 年的觀念服務品質架構模型以及 1988 年提出的量表後，針對服務品質的傳輸與控制過程，致力找出影響顧客對知覺服務品質之四個差距的組織因素，他們認為服務提供者應該根據影響各差距的組織因素及管理問題進行改善，以提升服務品質。

以下將介紹影響顧客對知覺服務品質之四個缺口的組織因素：

一、影響缺口 1 的組織因素

1. 行銷研究的導向

- 行銷研究次數多寡及範圍大小。
- 管理者在作決策時，使用或參考行銷研究所得之結果的程度。
- 管理者與消費者之間直接互動的程度。

　　許多證明顯示服務業在行銷研究方面顯然較消費品企業來得忽視，然而要了解顧客所期望及知覺的服務品質，行銷研究是最主要的方法，假如越重視行銷研究來蒐集市場資訊，則缺口 1 就會越小。

2. 由下而上的溝通

- 管理者與其部屬之間互相溝通的程度。
- 與顧客接觸的服務人員所提供的資訊受管理者重視的程度。
- 管理者與服務人員之間的接觸頻繁程度與品質。

　　與顧客接觸的服務人員較能精確預測與了解顧客對服務的期望與知覺，管理者越有效的由下而上溝通，以獲得攸關顧客的資訊，則缺口 1 就會越小。

3. 管理的層級

- 與顧客接觸的服務人員與高階管理人員之間的層級。

　　與顧客接觸的服務人員與高階管理人員之間的層級數目越多，則會形成訊息溝通障礙，導致高階管理人員越不了解顧客，形成此缺口的擴大。

二、影響缺口 2 的組織因素

1. 管理者對服務品質的承諾

- 願意投入多少資源來提高服務品質。
- 企業是否已具有內部服務的品質計畫。
- 管理者對達到已承諾的服務品質可行性的知覺。

　　若管理者深信服務品質的提升會增加經營實際表現，便會以較多的資源分配來提高服務品質，則缺口 2 就會越小。

2. 目標設定

- 是否存在一套為了達到既定的服務品質而設立的標準化程序。

研究顯示目標設定不僅對增進組織績效與個人成就，更有助於組織的整體控制。因此，企業建立正式的目標及作業方式，使服務的傳遞經由可衡量方式而達成增進服務品質之效果，亦即企業若有明確服務品質作業目標，則缺口 2 就會越小。

3. 作業標準化

- 是否存在作業程序標準化的硬體技術。
- 是否存在作業程序標準化的軟體技術。

管理者想將其所知覺的顧客期望服務轉為欲提供給顧客的服務時，若作業標準化，則缺口 2 就會逐漸變小。

4. 可行性的知覺

- 具有提供服務所需具備的設備，作業系統及產能之程度。
- 管理者認為現有設備及服務水準可以滿足顧客對該服務之預期程度。

管理者認為可以滿足顧客的程度越高，則缺口 2 就會逐漸變小。

三、影響缺口 3 的組織因素

1. 團隊工作

- 員工彼此間對顧客的看法。
- 員工感受管理者對其照顧的程度。
- 員工感受與其他部門合作的程度。
- 顧客感受到服務員涉入的程度。

團隊合作不僅可凝聚員工的力量更可提高服務品質，因此，團隊合作程度越高，則缺口 3 會逐漸變小。

2. 員工與工作的配合性

- 員工執行工作能力。
- 遴選工作過程之重要性與有效性。

員工與工作的配合性程度越高，則缺口 3 會逐漸變小。

3. 專業知識與工作的配合性

- 合適的工作技術與工具。

合適的工作技術與工具，可幫助服務人員提供更高的服務給顧客，因此，專業知識與工作的配合性程度越高，則缺口 3 會逐漸變小。

4. 知覺工作勝任程度

- 員工對工作控制程度的知覺。
- 員工感受到可與顧客交涉的程度。
- 如何評估員工的工作品質。

　　服務人員在提供服務過程中若覺得有相當控制權，則工作上的壓力會減少，進而形成較佳的服務品質，程度越高，則缺口 3 會逐漸變小。

5. 督導控制系統

- 如何評估員工的工作品質。

　　服務人員可藉由績效衡量指標來判斷企業真正重視的作業要素為何，若企業以作業績效或產出量來衡量員工績效，則服務人員將不會重視顧客感受，因此若能將績效衡量與服務品質相結合，有助於提升服務品質，故若有良好督導控制系統，則缺口 3 會逐漸變小。

6. 角色的衝突

- 顧客知覺與企業期望的衝突。
- 現存有哪些與服務標準相衝突的政策。

　　當服務人員同時面臨顧客知覺與企業期望，而二者衝突時，會影響其服務表現，因此管理者應訂定明確的目標與實際表現衡量標準，以降低角色衝突，則缺口 3 會逐漸變小。

7. 角色模糊

- 目標與期望的清楚程度。
- 競爭與自信程度。

　　若企業無明確的作業目標，對服務品質沒有下明確承諾，無標準作業程序及實際表現衡量指標，並且上下溝通不良，將會使服務人員不確定管理當局對他們的規範與期望，造成服務角色模糊，結果將會導致差距擴大。

四、影響缺口 4 的組織因素

1. 水平的溝通

- 作業人員在廣告的規劃與執行的投入程度。
- 與顧客接觸之服務人員了解外部溝通的程度。
- 銷售人員與作業人員了解外部溝通的程度。
- 部門與分支機構作業的相似程度。

　　作業人員透過與顧客接觸之服務人員所提供的資訊，充分了解企業的服務能力與傳送系統對外宣傳無誇張不實的廣告，就不會造成顧客期望與企業本身傳送服務能力的不一致，因此，水平溝通越暢通，則缺口 4 會趨縮小。

2. 過度承諾傾向

- 企業感到拓展新客戶壓力的程度。
- 企業對競爭對手過度承諾的知覺程度。

　　由於市場競爭激烈，導致許多服務業為擴大市場占有率，做了誇張不實的廣告以吸引顧客，造成顧客期望提升，假若業者無法提供如宣傳上的服務，則反而降低顧客對服務的知覺，進而影響服務品質評估，而缺口 1 至 4 乃缺口 5 的函數，因此影響缺口 1 至 4 之影響因素皆可影響缺口 5，而服務品質滿意度即因缺口 5 的大小來決定。

　　針對上述影響顧客知覺服務品質的組織因素，Parasuraman, Zeithaml, and Berry 在 1990 年，提出解決方法如下：

一、解決缺口 1 之方法：學習了解顧客對服務的期望

1. 透過行銷研究，重視並分析顧客的抱怨及設立意見箱，來了解顧客的期望。

2. 增加管理者與顧客之間的互動，以便使管理者更了解顧客的需求。

3. 增加管理者與服務人員之間的溝通，並減少兩者之間的層級。

4. 將所得到的有關資料轉化成實際行動。

二、解決缺口 2 之方法：建立提供高品質服務的標準

1. 確保高階管理人員所承諾要提供的服務品質，是由顧客的觀點出發的，而非企業管理者的立場來著想。

2. 建立中階管理制度，使顧客導向的服務能經由標準化程序，落實到提供服務的每個單位。

3. 訓練管理者，使其具有領導部屬提供高品質服務的方法。

4. 願意接受新的經營方式及提供高品質服務的方法。

5. 利用硬體和軟體技術將重複性高的作業標準化，以確保提供品質一致的服務。

6. 設定明確可行的服務品質目標，來達成顧客的願望。

7. 將對服務品質影響最大的工作區分出給予最高的優先順序。

8. 確保員工可以了解,並接受服務品質的目標及優先順序。

9. 定期衡量及評估員工的表現,並將之納入回饋系統中。

10. 獎勵達到服務品質目標的管理人員和員工。

三、解決缺口 3 之方法:確保真正傳達給顧客的服務能符合所設定的標準

1. 界定員工在工作上所擔負的角色。

2. 讓所有員工了解他們的工作對顧客有何貢獻。

3. 依據員工的能力和技能來調派工作。

4. 提供員工工作時所需的技術,使他們能勝任份內的工作並有效執行。

5. 發展良好的召募及留任制度,以吸引素質優良的人員加入企業,並增加員工對企業的忠誠度。

6. 藉由選擇最適合的技術及設備來提高員工的工作表現。

7. 教導員工如何了解顧客的期望、知覺,及解決顧客所面臨的問題。

8. 提供員工人際關係的訓練,特別是如何在有壓力的情況下面對顧客。

9. 藉由設立明確的工作標準,來消除員工的角色衝突。

10. 訓練員工能判斷事情的輕重緩急,依重要程度加以處理,並能做到有效率的時間管理。

11. 在員工實際提供顧客服務時,適度給予獎勵與肯定。

12. 發展一套公平、合理、省時、方便又不失精確的報酬系統。

13. 獎勵員工提出提高服務品質的方案。

14. 確保內部作業人員和顧客接觸人員之間能充分配合,以提供高服務品質。

15. 建立能使員工合作愉快、表現更好的團隊工作方式,並以團隊為衡量單位的報酬方式。

16. 教育顧客參與服務的過程,使其在接受的過程中,能體會自助式的成就感。

四、解決缺口 4 之方法：確保外部傳播與眞正傳達給顧客的服務一致

1. 需要製作新的廣告計畫時，將作業人員的意見納入考量。

2. 以員工如何提供服務的實際情況，作為製作廣告藍圖。

3. 在廣告正式訴諸顧客前，先讓提供服務的員工參與廣告的試映過程。

4. 在作業人員與顧客面對面開會時，讓銷售人員也參與其中。

5. 確保各個部門與分支機構的作業標準一致。

6. 確保廣告中已將顧客認為最重要的服務屬性明確表達出來。

7. 藉由讓顧客了解該服務具有何種特性與不可能具有何種特性及其理由，使企業能管理顧客的期望，避免顧客的期望過高。

8. 確認及解釋在傳達服務中不可控制的缺失。

9. 提供顧客不同價格等級的服務，並解釋各個等級之間的差異。

▶▶▶ 田野勤學

　　「田野勤學」創立於 2015 年，以「農業」、「飲食」、「教育」3 個面向建構推動食農生態圈。從開始種植黃豆，到真正返鄉並開始推廣臺灣國產雜糧及食農教育迄今，「田野勤學」創辦人陳光鏡其實根本沒有想到，自己會開始做這麼多黃豆本業之外的事，而他的目標是在中臺灣建立一座國產大豆的生態園區，拓展食農教育邊界。

▲圖 7-6　「田野勤學」創辦人陳光鏡一家人

　　畢業於彰化師範大學物理系的陳光鏡，對於教育並不陌生，投入農業領域，結合了他的教育專長，從品種栽植、農業介紹、科普實驗、加工再製、飲食地圖，用跨領域的方式，嘗試開創大豆各種意料不到的利用。

　　問他為什麼選擇種黃豆？陳光鏡笑說是被前輩推坑。他當時返鄉學習耕作，前輩說臺灣黃豆產量少，鼓勵陳光鏡以自然農法種植，當時聽完覺得很有意義也覺得市場潛力，2015 年秋天就跑去嘉義鹿草找了十幾個農民，說要契作二十公頃自然農法黃豆，結果農友都搖頭說不可能，本土黃豆價格與產量是要怎麼跟進口競爭？更何況自然農法？

▲圖 7-7　「田野勤學」種植的本土黃豆

眼看計畫躊躇不前，陳光鏡妻子蔡慧璇不服輸地說：「不然我們租地來種給他們看。」夫妻倆像是金頂電池裡的兔子充滿電力，週間持續在北部上班，週末南下種豆，南北往返四百公里黃豆之旅，雖然讓他們夫妻忙得不可開交，人生卻像是安裝了不斷電的馬達，燃起前所未有的動力與盼望。

原本一般農人認為自然農法沒有收成，誰也沒有想到，陳光鏡第一次種黃豆就跌破所有人的眼鏡，三公頃田區竟然收成了一千多公斤。這樣的結果也給陳光鏡夫妻信心，決定 2017 年帶孩子舉家遷回彰化北斗定居，把黃豆種進自家農田裡。

不過，黃豆種出來，銷路在哪裡才是問題。原本以為預估整年收入約八十萬，養活一家子應該沒問題，但現實才沒這麼簡單，剛開始賣黃豆，拜託身邊的親朋好友響應，但賣過一輪就停滯了，去市集擺攤也乏人問津，拜訪食品加工廠更碰了一鼻子灰，因為「國產豆比進口豆成本高出太多了。」

陳光鏡創業一年，積蓄幾乎燃燒殆盡，不過也讓他領悟到：「餐桌上常見的黃豆料理幾乎都是加工再製，如豆漿、豆花、豆腐、豆乾等，很少出現黃豆原型食物，消費者根本不知道該怎麼料理黃豆。」

後來一位任教於虎尾科技大學的學長建議陳光鏡可以善用自己的教育專長，用科普的方式把黃豆做成教案進行推廣。抱持著姑且一試的心情，陳光鏡把黃豆生長週期、豆漿濃度、豆漿變豆花的化學反應、做豆腐的力道等等，設計成動手也動腦、好吃又好玩的「國產大豆黃金三部曲」教案，結果廣受好評，名聲在校園間傳開。

食農教育的好評，讓陳光鏡發展出國產大豆友善耕作、大豆經典飲食工藝文化、食農與永續發展教育、社群跨域創意合作行動等四大軸線行動，進行本土大豆推廣的創新實踐：

1. **實行國產大豆友善耕作方面：**「田野勤學」不使用化學農藥及肥料，採用自然農法種植臺灣黃豆，把土壤養好，依靠土地的能量種植國產大豆。因此他的田野環境自然，造就豐富的田區生態，許多野花野草及昆蟲都可在田區中找到。

2. **推廣大豆經典飲食工藝文化方面：**「田野勤學」特別將大豆加工室做成透明的，讓消費者都看得到過程。每週生產濃醇豆漿、豆腐，也透過計畫性的消費及生產，達成零庫存、零耗損的永續供應，供應給地方社群團購，以及中臺灣多家綠色餐廳採購使用。

3. **發展食農與永續發展教育方面：**「田野勤學」帶領消費者可以實地踏訪大豆田，認識大豆的種植到加工，包含豆漿、豆腐、豆花、味噌等製品，更能親手

體驗製作大豆食物，一趟從土地到餐桌的深度食農體驗，讓參與者更加熟悉大豆這項與生活息息相關的作物。

4. **推動社群跨域創意合作行動方面**：「田野勤學」與不同產業合作，將大豆加工後餘下的豆纖再利用，進行循環商品的開發，包含清潔用品、寵物飼料、餅乾零食，發展更多可能性。同時也將串聯合作餐廳，開啟共購模式，搭建城市行動支持據點。

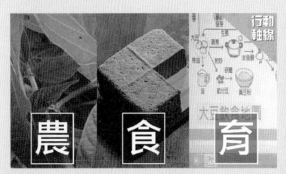

▲圖 7-8　「田野勤學」的食農教育

陳光鏡正串起黃豆列車，將科普、生態、美學連成一線：將黃豆帶入校園，透過可以吃的化學實驗做豆腐、豆花；把大人小孩領入田間，打造自由探索的「野學校」，傾聽田間的風聲，手握著潮濕的泥土，認識各種黃豆田裡常見昆蟲。「田野勤學」正逐步改變中臺灣聚落大豆飲食的軌跡，合作串聯彰化農青創聚落，打造家鄉的飲食新地標，承諾找回臺灣島失落的大豆歲月。

▲圖 7-9　「田野勤學」的產業串聯

習題 EXERCISE

( ) 1. 「田野勤學」創立於 2015 年，以「農業」、「教育」及何者等 3 個面向建構推動食農生態圈？ (A)利潤 (B)生態 (C)耕種 (D)飲食。

( ) 2. 陳光鏡把黃豆生長週期、豆漿濃度、豆漿變豆花的化學反應、做豆腐的力道等等，設計成動手也動腦、好吃又好玩的「什麼黃金三部曲」教案，結果廣受好評，名聲在校園間傳開？ (A)國產大豆 (B)國產綠豆 (C)國產紅豆 (D)國產黑豆。

( ) 3. 陳光鏡發展出國產大豆友善耕作、大豆經典飲食工藝文化、食農與永續發展教育與何者等 4 大軸線行動，進行本土大豆推廣的創新實踐？ (A)社區經營 (B)社群跨域創意合作行動 (C)建教合作 (D)銷售動線。

( ) 4. 「田野勤學」不使用化學農藥及肥料，採用何者種植臺灣黃豆，把土壤養好，依靠土地的能量種植國產大豆？ (A)有機栽種 (B)慣行農法 (C)自由耕種 (D)自然農法。

( ) 5. 「田野勤學」帶領消費者可以實地踏訪大豆田，認識大豆的種植到加工，包含豆漿、豆腐、豆花、味噌等製品，更能親手體驗製作大豆食物，一趟從土地到餐桌的何種體驗，讓參與者更加熟悉大豆這項與生活息息相關的作物？ (A)深度手作 (B)生態之旅 (C)深度食農 (D)飲食文化。

( ) 6. 推動社群跨域創意合作行動方面，「田野勤學」與不同產業合作，將大豆加工後餘下的豆纖再利用，進行哪種商品的開發，包含清潔用品、寵物飼料、餅乾零食，發展更多可能性？ (A)循環 (B)回收 (C)平價 (D)高等。

( ) 7. 陳光鏡正串起黃豆列車，將黃豆帶入校園，把大人小孩領入田間，打造自由探索的哪種學校，傾聽田間的風聲，手握著潮濕的泥土，認識各種黃豆田裡常見昆蟲？ (A)野學校 (B)生態學校 (C)農學校 (D)自然學校。

( ) 8. 為了留在市場上並賺錢，公司必須改變或改善他們的思維方式，以便他們可以更適應迅速信息的變化，解決此問題的方法是： (A)守成 (B)開發 (C)創新 (D)促銷。

( ) 9. 在現代營銷中，各種業務公司用來吸引客戶的最熟悉的策略是： (A)低價 (B)促銷 (C)開發 (D)廣告。

( ) 10. 提高銷售量的關鍵方法是什麼，這就是公司試圖通過多種媒體進行更具吸引力的影響促銷原因？ (A)折扣戰 (B)促銷組合 (C)密集廣告 (D)試用推廣。

解答：1.(D) 2.(A) 3.(B) 4.(D) 5.(C) 6.(A) 7.(A) 8.(C) 9.(B) 10.(B)

參考文獻　REFERENCES

李幸模(1995)，《連鎖加盟 Q&A》，商周出版。

杉本長失(1986)，《事務、營業、服務的品質管制》，盧淵源譯，中興管理顧問。

周文賢、姜昱伊(2001)，《連鎖店體系商品規劃與管理》，華泰文化。

周文賢、郭柏晴(1996)，《連鎖規劃與管理》，華泰文化。

林清河、桂楚華(1998)，《服務管理》，華泰書局。

陳耀茂(2003)，《服務行銷與管理》，高立書局。

黃俊英著(2001)，《行銷學的世界》，初版，天下文化。

戴永久(1987)，《品質管理》，二版，臺北：三民書局。

Bitner(1990), "Evaluating Service Encounters: The Effects of Physical Surroundings and Employee Responses,"Journal of Marketing,Vol.54, pp.69-82.

Bolton and Drew(1991), "A Multistage Model of Customers' Assessments of Service Quality and Value". Journal of Consumer Research, Vol.17, No.4, pp.375-384.

Crnonin and Taylor(1992), Measuring Service Quality: A Reexamination and Extension," Journal of Marketing, Vol.56, July, pp.55-68.

Kotler, P(1996), Marketing Management:An Asian Perspective, NJ: Prentice Hall Inc.

Lehtinen,J(1983),"Consumer oriented service System,"Service Management Institute,.

Parasuraman, A.、Zeithaml, V.、and Berry,L.(1991)"Refinement and Reassessment of SERVQUAL Scale," Journal of Retailing,Vol.67,pp.420-450.

Parasuraman, A.、Zeithaml, V.、及 and Berry,L.(1985a), "A Conceptual Model of Service Quality and Its Implications for Future Research," Journal of Marketing ，Vol.49, pp .41-50.

Parasuraman, Valarie A. Zeithaml, and Leonard L. Berry(1985), "A Conceptual Model of Service Quality and Its Implications For Future Research" Journal of Marketing, 49,(Fall), 41-50.

Parasuraman, Valarie A. Zeithaml, and Leonard L. Berry(1988), "SERVOUAL: A Multiple-Item Scale For Measuring Consumer Perceptions of Service Quality," Journal of Retailing, 64(Spring), 12-40.

Sasser,W. Earl, Jr., R. Paul Olsen, and D. Daryl Wyckoff(1978),Management of Service Operations: Text and Cases. Boston: Allyn and Bacon.

Taylor and Binker(1994), Measuring Service quality for strategies planning and analysis in service firms. Journal of Applied Business Research.(10)4: 24-34.

顧客滿意度
案例分享—良作
工場農業文創館

8.1 ● 顧客滿意度演變

在 1980 年代，行銷研究者將其研究重點擺在衡量顧客的滿意度，並以此為基礎，極其所能增加顧客滿意度；到了 1990 中後期，研究者將滿意度的構面連結到顧客的回應行為（例如：再購、口耳相傳等行為），以這些顧客回應的變項來衡量，了解是否落實行銷作為，進而增加顧客滿意度；從 1990 末至今，研究者將滿意度與服務品質加以連結，改進其服務品質以增加顧客滿意度。

臺灣是一個完全以顧客為導向的經營環境，伴隨而來的新興科技發展，不但對人類生活型能產生重大影響，更為人類的商業行為帶來重大改變。企業為了求生存，並使營業額持續成長，在與顧客之間建立長期且有利潤可圖的關係時，盡可能地透過任何管道接近顧客，以提高顧客對企業的滿意度及忠誠度，是顧客關係管理的重要目標。

顧客滿意是一種感覺，它能創造享受與快樂，甚至令人感動滿意，也會令人失望或沮喪，無論滿意或不滿意都會影響顧客對產品／服務及企業的態度，因此顧客滿意度的衡量能使企業明確暸解市場上的消費趨勢，是獲得市場優勢的重要利器。

8.2 ● 顧客滿意度之定義

企業為贏得顧客的歡心，不斷地推陳出新，希望能夠藉此令顧客得到滿足。目前大多數企業的經營是以顧客為行銷導向，如何利用顧客來創造出另一個銷售高峰，提供有別於業界慣用的銷售方式行銷，創造出顧客滿意度，可以提升或增加顧客再選購的次數，並且可在商業競爭者中強化競爭力的提升。

以實體門市為例，除了電話詢問回應、櫃檯受理、產品說明、答覆申訴、處理產品問題、收款送貨等，企業員工與顧客經常性的接觸之外，顧客眼中的產品功能與印象、企業設施內部的狀況與氣氛、環境的舒適與否、設備的好壞等，可能影響顧客滿意度的因素都包括在內。

一個不滿意的顧客除了停止消費外，還會把他們不愉快的經驗告訴別人，企業就必須花費更多的成本去獲取新顧客，這樣對企業的收入或成本來說都會有影響。因此可得知企業經營之目的在創造滿意的顧客。

每個企業所有利害關係人當中，顧客最重要：因為當顧客產生滿意時，相對的其他都可因此而受惠。Engel, Blackwell, and Miniard(1986)所提出的顧客滿意度為：「顧客使用產品後，會對產品績效與購買前之信念兩者間的一致性做評估，當

兩者一致性相當時，顧客將獲得滿足。相反地。若顧客對產品預期的信念與產品的實際績效兩者間不一致時，顧客將會有不滿意的反應發生」。Ostrom and Iacobucci(1995)認為顧客滿意是顧客經由一次購買後，比較所獲得的品質與利益，以及所付出的成本與努力，對企業所提供產品的整體性判斷。

Cardozo(1965)是最早提出顧客滿意度觀念的學者，他指出顧客滿意會增加顧客再次購買的行為，而且會購買其他的產品。

Howard and Sheth(1969)則從顧客的評價與比較兩種成分來定義顧客滿意度，他認為顧客滿意度是顧客對其購買付出後，所獲得的報酬是否適當的一種認知狀態。

Hempel(1977)認為顧客滿意取決於顧客所期望的產品利益的實現程度，它反應出預期與實際結果的一致性程度。

Westbrook(1980)認為，滿意乃是消費者比較實際產品績效與先前期望的一種認知評價過程。

Oliver(1981)認為顧客滿意度是對事物的一種情緒上的反應，這種反應主要來自顧客在購買經驗中所獲得的驚喜。

而 Churchill and Surprenant(1982)則認為顧客滿意度是一種購買與使用產品的結果，是由購買者比較預期結果的報酬和投入成本所產生的。

Engel, Blackwell, and Miniard(1984)認為顧客滿意度的定義為顧客在使用產品之後，會對產品績效與購買前信念二者之間的一致性加以評估，當二者間有相當的一致性時，顧客將獲得滿足；反之，將產生不滿意的結果。

Cadotte et al.(1987)認為顧客在購買之前的所有消費經驗，會建立一種比較的標準。在購買之後，顧客會以所知覺的產品績效與上述標準比較產生正向或負向的不一致，進而影響顧客的滿意程度。因此顧客滿意是理性的認知評價過程。

Kotler(1991)指出企業經營唯一不變的原則是滿足顧客的需求，同時也認為顧客滿意會增加企業的獲利率。在顧客導向的今日，滿意的顧客是企業追求的目標，同時也是取得競爭優勢與成長的關鍵。多數學者認為顧客滿意將會是再度購買的重要因素之一。

Anderson, Fornell, and Lehman(1994)歸納過去學者的看法，從特定交易(Transaction-Specific)與累積交易(Cumulative)二種不同的觀點去解釋顧客滿意度。其中特定交易觀點指出顧客滿意度是顧客對某一特定購買場合或購買時點的購後評

估，可提供對特定商品或服務之績效診斷資訊；而累積交易觀點則是顧客滿意度是顧客對商品或服務之所有購買經驗的整體性評估，可提供企業過去、目前與未來經營績效之重要指標。

Ostrom and Iacobucci(1995)認為滿不滿意是一項相對的判斷，它同時考慮一位顧客經由一次購買所獲得的品質與利益，以及為了達成此次購買所負擔的成本與努力。

Ruyter et al.(1997)結合滿意度和服務品質，建立了一個服務品質和滿意度的整合模式。其在研究中發現了：服務品質是影響滿意度最主要的因素，除了服務品質外，認知和不確定因素也會影響滿意度。

Kotler(1999)認為，滿意的顧客通常會再度購買、愉悅地與他人談論該企業產品，忽略競爭品牌廣告，不購買其他企業的產品。

8.3　顧客滿意度預期差距

顧客對產品的預期與有差距產生時，顧客心理存在著接受區域與拒絕區域，這是由 Hovland, Harvey, and Sherif(1957)所提出的類比－對比理論(Assimilation-Contrast Theory)。如果這個差距落在接受區域，顧客會自行縮減此差距－實行同化過程，類比效果顯現，顧客會縮減此差距並認為滿意；反之，如果這個差距落在拒絕區域，顧客會誇大此差距－實行對比過程，對比效果顯現，顧客會去誇大此差距並認為不滿意。

8.4　影響顧客決定性要素

影響顧客的三個決定性要素為：事前期望、事後的實際認知以及不確認性。

一、事前期望(Expectations)

顧客在消費或使用產品與服務前，對未知的服務所抱持的觀感。事前期望在整個消費過程中扮演了相對基本的角色，但這會隨著時間的增加而減少他的影響力。

二、實際認知績效(Performance)

顧客所認知產品與服務的實際績效表現。

三、不確認性(Discofirmation)

當期望形成之後，顧客會比較期望與認知績效兩者比較後的不一致性，而不確認則是以期望作為判斷標準。

8.5 實際績效和預期績效

有關顧客對實際績效和預期績效的關係：

1. 當實際績效在預期可接受的範圍內時，預期將會主宰實際績效。

2. 當實際績效與預期兩者不一致的差距變小時，顧客對實際績效的認知會被期望類化。

3. 當實際績效在預期可接受的範圍之外時，實際績效將會主宰預期。因此若產品績效低於期望，將會被顧客認為比實際上的表現更差。如果產品績效高於期望時，會被顧客認為比實際上的表現更好。

8.6 顧客期望理論

顧客期望理論(Customer Expection Theory)認為顧客滿意是顧客對產品或服務，預期與實際表現認知間之差距。影響預期的因素有四項：

1. 公開的服務承諾。

2. 隱含的服務承諾。

3. 口碑。

4. 過去的購買經驗。

8.7 期望失驗理論

期望失驗理論被廣泛研究與應用，期望失驗理論包含兩個部分：期望的形成以及期望與績效相比所產生的失驗。購買前的預期水準、產品或服務績效與此預期水準相較的變異程度，是影響顧客滿意度的決定性因素，其變異程度即為失驗程度。

8.8 ▶ 顧客滿意度之決定因素

我們可以知道影響顧客滿意的最主要原因為失驗，所謂失驗即是先前的期望與實際績效的差異，如果績效超過期望，稱為正面的失驗，反之，若績效小於期望，則稱為負面的失驗。而根據以往的研究，衡量失驗的主要方法有二種：

一、相減型失驗法(Subtractive Disconfirmation)

由 LaTour and Peat 所提出，其認為影響顧客滿意的失驗，可以由原來預期與實際績效的代數相減而得。

二、主觀型失驗法(Objective Disconfirmation)

由 Churchill and Surprenant 所提出，其認為失驗是一種特定的心理構面，亦即失驗是由顧客主觀去比較期望與認知的差異所得來，是每一位企業經營者所努力追求的目標。

8.9 ▶ 顧客滿意度之衡量構面與衡量方式

顧客滿意度有兩種概念：行為意義上的顧客滿意度和經濟意義上的顧客滿意度。在行為意義上的顧客滿意度，是顧客在歷次購買活動中逐漸累積起來的連續狀態，是一種經過長期沉澱而形成的情感訴求。它是一種不僅僅限於「滿意」和「不滿意」兩種狀態的總體感。另一方面，在經濟意義上的顧客滿意度，可以從其重要性方面加以理解。

企業為何需要顧客滿意衡量，至少有二個基本的原因：

1. 提供顧客相關價值和遠景的可靠資訊。

2. 提供管理者決定市場行為的資訊。

Hackl and Westlund 認為，不論目前研究是否嘗試用更多角度來描述企業績效或無形資產，其中更能解釋無形資產價值的方式應該集中在衡量顧客的資源。而從第 2.點來看，多數企業通常是用不同的顧客區隔衡量他們的顧客滿意。

即使衡量的焦點通常是在市場行為資訊，一般廠商仍需經常去參考可以衡量的參考點，例如：標竿(Benchmark)或企業自行發展出的顧客滿意模型。

8.10 顧客滿意之整體服務

創造顧客滿意度的同時，我們也必須了解到我們所發出對顧客有利的訊號，顧客是否接收到了，且有正面的反應。顧客滿意度可做為對整體性利益的評估反應，顧客對產品產生了預期的心理，希望在現實的整體績效中可以得到較原本預期還要高的績效。除了預期和不確定性會影響顧客的滿意程度，顧客過去對特定品牌或其他相關產品的消費經驗，在決定滿意程度的過程中，也扮演相當重要的角色。

顧客在購買行為之前，會先對產品產生預期心理，如果在購買之後，對產品的績效與預期心理發生不一致的認知，此差異即為不確認性的產生，而事前的預期與事後的不確認性，都會影響顧客的滿意程度。

「顧客滿意」必須在產品開發時就徹底結合商品與服務，形成一種「整體產品提供」，顧客滿意是讓購買或採用過企業產品或服務的顧客，在使用後都能滿足需求，認為與購買的期待符合，甚至比他們期望的更好，並且對產品或服務感到滿意。在提供顧客服務的前後，以計量方式全面測定顧客需求期待與滿意程度，找出顧客需求與「整體產品提供」間的落差缺口。再從整體行銷組合策略考量，設法去改善顧客滿意度落差較大的項目，提升或改善認知與認同，並對背後的企業產生良好的態度與向心力。

8.11 顧客滿意的前提

1. 顧客不論在心理上或行為上，都經由「滿足本身需求」的角度，來思考有關所有購買行為。

2. 顧客可控制購買某種特定商品的金額是有限度的，因此無法任意揮霍。

3. 顧客對於商品的需求，有主觀的優先滿足順序。

4. 顧客會綜合上述的考量，在滿足慾望與購買預算兩者之間取得平衡之後，將他可以花用的錢，作一個最有利的及妥善的安排。

8.12 顧客滿意四大要素

顧客對品牌忠誠會受對品牌長期累積的滿意程度直接影響，亦有研究指出品牌忠誠是受知覺品質的影響，而有關顧客品牌忠誠度的定義及衡量方式，茲綜合中外學者對顧客滿意理論所提出的看法，歸納出顧客滿意的四大要素，包括：

一、價格(Price)

價格一方面是企業競爭的手段，一方面也是顧客的成本，所以，企業應該思考如何訂定顧客與企業都能創造彼此利潤的價格，顧客如果能夠接受產品的定價，就達到了顧客滿意的第一個條件。

二、品質(Quality)

指的是產品的品質，顧客購買的產品是否能達到產品所強調的品質水準，也是顧客能否滿意的重要條件之一，這也是企業在生產過程中，必須嚴密的監控產品品質，達到企業所宣稱的產品品質和顧客購買後的實際品質零差異，才能達到顧客滿意的第二個條件。

三、時間(Time)

包括所有服務顧客的時間，舉例來說，在夏季顧客決定購買一臺冷氣，服務人員是否能快速的交貨，服務人員是否能在最短的時間內完成安裝，如果顧客需要事後維修服務時，服務人員是否能快速的處理維修工作，並且盡快的再送回顧客手中，對每個人來說，時間就是金錢，因此掌握服務時間也是達成顧客滿意的重要一環。

四、態度(Attitude)

服務的態度從顧客接觸第一線的服務人員開始，服務人員的態度是否良好，關係到顧客對此產品的印象，甚至決定購買與否，往往服務人員的態度專業友善，也會為產品帶來加分的作用。而服務從購買前顧客的詢問、顧客決定購買、購買期間的服務及購買後的服務，都會影響顧客的滿意與否，也關係到顧客是否會再度購買的意願。

這四個條件都是顧客滿意衡量的重要指標，如果有一個顧客對產品的價格很滿意，也很滿意產品的品質保證，但是服務人員的態度不佳，會讓顧客破壞了對整體產品的印象；相同的，如果服務人員態度好，服務時間又快速，但是價格卻讓顧客無法接受，也沒有辦法達成真正的顧客滿意。

8.13 顧客滿意衡量方式

由於顧客滿意度並非是一個可以完全量化的客觀度量，因此曾有許多學者提出不同的衡量方式：

由 Hill and Nill 在 1996 年所提出之理論，說明以下不同的衡量方法：

一、李克特尺度(Likert Scales)

要求受測者在一個 5 點、7 點或更多點的尺度上，指出同意或不同意各意見的程度，如從「非常滿意」、「滿意」…到「不滿意」、「非常不滿意」等區分。

二、語意差異法(Semantic Differential Scales)

利用一組由兩個對立的形容詞構成雙極尺度評估態度，通常是分成 7 段、5 段或 10 段的一個連續集所分隔。受測者可在分隔兩個形容詞的連續集上，勾出最能代表態度的那一段。

三、數值評量尺度(Numerical Rating Scales)

請受測者對公司產品或服務的態度，寫出對該項目評比的分數，一段為 0~10 分，也有 0~100 分。

四、排序尺度(Ordinal Scales)

請受測者針對公司的產品或服務，依個人不同的準則下，就重視與偏好程度的大小，依序加以排序。

五、多屬性交換水準尺度(Simultaneous Multi Attribute Level Trade-Off Scales)

用來了解顧客從理想的服務水準到可接受的服務水準之間，所期待的範圍以及優先順序為何。意指將服務屬性分為不同的標準，來了解顧客的理想標準、期望標準與可接受的標準各為何。

8.14　顧客滿意度對企業的重要性

顧客滿意度的基本競爭策略公式是由「顧客服務」、「顧客關心」、「未期待之特性與服務」所組成的顧客滿意度。競爭方式及競爭者日趨激烈，而社會結構的改變，也讓企業在競爭的同時將其競爭重心從商品開發上轉移到顧客的身上，致力創造出新的顧客和留住舊有的顧客，能夠達成這個目標的方式，就是讓顧客對商品和企業經營方式的滿意度提高。如何留住舊有顧客，這個問題使顧客滿意度變得重要且必要，商品買賣上，一但顧客所接收到的服務績效高於原本所預期，那麼顧客就易對此品牌產生滿意度，企業也可藉此得到更高獲利的機會。而在推行顧客滿意度這個話題的時候，其對企業的重要性歸類有下列三點：

一、顧客滿意對顧客的消費行為有正面影響

顧客購買產品前對產品有一假設的期望，消費後的實際績效比較，若實際績效和期望的差異不大，甚至超越原有的期望，則容易讓其對產品產生比較大的信任感，對產品感生滿意感，而認為滿意的顧客，通常會再度購買，並且向別人分享其愉快的購買經驗。

二、顧客滿意可增加企業獲利力

一但建立了顧客滿意度之後，顧客因為對此品牌有了一定的信任度，大大提升了顧客再購買率及接受程度。顧客再購買率一方面除了直接增加企業的營業收入，另一方面也可間接減低其他成本（如：廣告費用）的開銷及降低失敗成本。

三、顧客滿意度是企業的競爭優勢

以往企業的競爭優勢是商品項目中的價格，這是最大的一個競爭決策，顧客傾向於較低價的商品。但現在顧客一但有了滿意度之後，產品品質的影響度遠大於產品價格的影響，較不容易把其心力或是其他產品列在考慮之中，擁有最多顧客滿意度的企業，其競爭優勢相對提高，這可使得企業在眾多的競爭者中脫穎而出，並且將可持續維持利益在一定的程度。

良作工場農業文創館

　　在雲林石龜火車站與大埤鄉工業區交接處，有一間以「豬肉」為主題相當有設計感的觀光工廠「良作工場」。館區入口處有一座如霍爾移動城堡的飛天機器豬與一隻站著走路的「究好豬」，相當吸眼與具有品牌故事的解說，館內結合雲林在地特色文化與餐桌上的履歷食材，是雲林地區近年來新興的教育觀光景點。

　　臺灣重要毛豬產地以雲林居冠（約估占全臺30%養殖頭數），但為何有業者願意大額投資在豬肉教育？並且採用全開放觀賞的展示動線規劃？在發展品牌過程如何以顧客滿意度為考量？

▲圖 8-1　雲林出現一頭用雙腳走路的豬，走出一段品牌發表與顧客互動的故事

原來豬肉產業這麼大！

　　根據中央畜產會統計 2017 年國人每人每年肉品的銷售量以豬肉 36.5 公斤為最大宗（其次分別為禽肉 34.26 公斤、魚類 12.42 公斤、牛肉 5.88 公斤、羊肉 0.97 公斤、其他 0.05 公斤），而豬肉的自給率為 86.3%，亦即經由 7,329 個養豬場在養頭數達 5,421,093 頭；另外，自國外進口的豬肉數量多達 110,976 公噸，約為 276,885 千美元。

良作工場建構的起心動念

　　祥圃公司創立於 1984 年，在此之前，臺灣的畜牧產業普遍使用微量抗生素，雖然能夠抑制各種經濟動物生病而減少用藥，但是卻因而降低免疫能力而存在高度的畜牧風險，更令人擔憂的是抗生素的殘留將嚴重影響國人飲食的安全。企業創辦

人吳昆民深知這項風險，也洞察到國際畜牧趨勢，所以專營動物營養保健品的銷售為主。創業初期歷程維艱，沒有工廠生產，只能以貿易經銷或代理各國的相關產品行銷臺灣在地的畜牧市場，該階段公司的努力僅能以獲利存活為目標。

1997 年臺灣爆發口蹄疫，疫情一發不可收拾。臺灣原本年產豬隻 1,100 萬頭，每年外銷日本市場就達 400 萬頭以上，口蹄疫發生之後，外銷訂單歸零，整個豬肉產業規模腰斬，此一時期，許多臺灣在地的養殖戶離牧、加工廠縮編，整個產業呈現極端蕭條的慘狀。2004 年，國際知名大廠荷商 DSM 公司決定關閉新竹湖口的工廠，離開臺灣市場，此時祥圃公司做出與市場逆勢的營運操作，利用八個月的時間即在臺南科工區建造一家動物營養品預拌廠，並在 DSM 公司的技術支援之下完成符合歐盟規格的生產系統，祥圃公司至此正式升級為製造販售商。

▲圖 8-2　臺灣對溫體肉食用的認知在良作工場有簡單但專業分析，相當值得顧客省思採購過去豬肉的管道

2009 年臺灣爆發一連串的食安風暴，國人對於食品安全缺乏信心，普遍存在一個巨大心聲「我想安心吃飯」！此時，創辦人的長子吳季衡甫自美、日學成歸國，有感於消費者對於安心吃飯的卑微需求的無力感，認為必須從生產端著力，本著良心提供食材。因此，父子決心聯手打造一條豬肉產業上中下游垂直整合的農食鏈，以動物營養品的本業為基礎向下發展，於是在南投草屯設置種豬場、雲林大埤設置肉豬場，初步完成「一級生產」；2010 年購置雲林大埤豐田工業區的廠址，歷經五年的規劃與興建，採用舊建築再利用的工法，以黃金級綠建築之姿，終於在 2015 年 12 月完工良作工場豬肉分切、肉品加工廠，進階完成「二級加工」。

為了獲知臺灣消費者對於豬肉口感口味的偏好的第一手資訊，2012 年在臺北京華城百貨內開設良食究好市集餐廳，直接獲取消費者的寶貴回饋，作為畜牧場養

殖方向的重要參考。此一同時，祥圃公司推出豬肉自有品牌「究好豬」，定位為講究好的過程的豬肉，期許「究好豬」就是好豬。

▲圖 8-3　良作工場以生活互動讓「好豬方程式」深植顧客心中

2016 年完成建造良作工場農業文創館，透過「好豬方程式=好的育種+好的飼養環境+好的飼料營養品」的知識，以及全國唯一開放給民眾自由參觀的豬肉分切場，向全國消費者講述什麼才是好豬、什麼才是好豬肉？期許國人能夠獲知現代化正確的豬肉飲食知識，尤其需要了解豬肉的運輸與儲存的溫度標準，此為「三級服務」。至此，祥圃公司完成建構豬肉產業六級化上中下游垂直整合的工程，更建立一個全程產銷履歷追蹤的豬肉品牌，希望藉由這一個豬肉產業創新模式達到兩個目的：（一）確保國人的飲食安全；（二）與農民互利共榮，並提升其社經地位。

▲圖 8-4　觀光工廠最重要靈魂人物是解說人員，良作工場許瑞霖館長運用精彩活潑、同時也淺顯易懂的比喻，讓顧客在歡樂中學習「好豬方程式」，許館長的專業解說替公司創造相當亮眼的業務實績

如何以觀光工廠營造品牌形象

　　觀光工廠是目前臺灣極夯的新型觀光旅遊景點的類別之一，根據公部門統計，每年造訪的遊客超過 2,200 萬人次，除了實質的消費營收之外，還可以將企業理念或品牌意象透過館內設施與導覽的途徑潛移默化灌注到遊客的印象之中，截至目前已經有 146 家企業成立觀光工廠，行業別涵蓋食衣住行育樂，包羅萬象多元而豐富。

▲圖 8-5　以食農教育改變學童對安心飲食概念的養成

　　祥圃公司於 2016 年正式開幕「良作工場農業文創館」，這是一個觀農藝廊，以農業文創化的創新模式來觀察與關心臺灣新農業的發展。文創館透過「好豬方程式=好的育種+好的飼養環境+好的飼料營養品」讓消費者充分了解優質的豬肉農食鏈的源頭必須先確保有健康安全的豬隻來源；打造一個全國唯一開放給消費者自由參觀的豬肉分切場，民眾親臨觀看現代化庖丁解豚的作業環境與流程，並透過現場的展示影片、圖片與文字的搭配講解，可以讓國人對於新鮮冷鏈豬肉的儲存與運輸的重要性有更進一層的體認。

▲圖 8-6　究好豬以品牌吉祥物識別與顧客開啟溝通互動的話題

良作工場農業文創館的戶外草坪設置一隻 3.5 公尺高大的「究好豬」LOGO 立體裝置，每年超過十萬人次的參觀人潮進入館區時都會駐足拍照，館內導覽人員總會讓遊客猜一猜「為什麼究好豬是兩腳站立？」這是一道看似俏皮但卻是意義不凡的題目，原來「究好豬牠活得很有尊嚴，所以站著走路！」經過導覽人員的娓娓講述，遊客終於了解到究好豬肉從餐桌一路追溯到出生源頭，牠的一生都是在科學管理、人道飼養、冷鏈加工與運輸的環境下被對待，最終才可以提供給消費者最安全美味的食材。臺灣在地畜牧的豬隻有 550 萬頭，然而因為毛豬拍賣制度的設計，講求的是毛豬外觀與重量，而非屠體肉質美味與健康，因此，一般生產者的飼養重點當然與消費者所期待安心吃飯的需求究會有所落差，而究好豬基於對這個矛盾的了解，才會決定進行豬隻畜牧上中下游垂直整合，最後以全程產銷履歷追蹤的豬肉食材問市。

▲圖 8-7　在臺灣首創透明分切室開放讓顧客明確觀看，以期作業透明化

從農產到餐桌的距離似遠又近，能否提供消費者安心吃飯，關鍵只在「良心」。良作工場決定不黑箱作業，因此，首創建造一個開放給民眾自由參觀的豬肉分切場，透過挖空二樓地板換程透明玻璃，遊客可以清楚而全貌地觀看幾十位作業人員在一樓進行豬肉分切。這一階段的作業流程對於食材品質的優劣極具勝負地位，包括溫度控制、時間掌控、清潔衛生、生菌的抑制、分切的準確度…等等都是必須嚴格控管的，而正是如此關鍵，良作工場將工廠打開讓所有民眾自由參觀，若沒精實的作業流程標準，任何企業斷不敢甘冒見光死的風險。從過去三年餘的現場觀察，民眾眼見為憑，無不驚呼連連，這種直球對壘的品牌行銷策略只能說是險招也是高招！

▲圖 8-8　透由專業解說後館內餐廳就是最佳體驗場域

　　「垂直食肆餐廳」也是良作工場農業文創館落實五感行銷策略的一環，藉由主廚的匠心設計，將各式部位肉加以不同的料理方式，呈現究好豬肉的源封美味，吸引各地老饕不辭千里來覓食。開館至今，已經超過 120,000 人次用餐品嚐豬肉美食，來此透過味蕾體驗究好豬肉的參觀者不僅包含一般家庭遊客和團體客人，另一類族群「B to B」更是良作工場極力爭取的對象。究好豬肉銷售的通路大致為餐飲業、超市百貨、與團膳食材，它與其他肉品加工業者不同的行銷手法是將農業文創館視為企業館，讓通路客戶深入了解究好豬的考究，同時將垂直食肆餐廳視為究好豬肉的展演場，讓通路客戶品嚐究好豬肉的原汁美味，因為眼見為憑，口齒留香，對於究好豬這個品牌價值的認同自然深入人心了。

究好豬如何落實顧客滿意度

　　究好豬這個全新的豬肉品牌自呱呱墜地問市已三年餘，經歷通路曝光打底、逐一攻占指標客戶、品牌知名度大開，其過程實非輕易。因為品牌定位在安全美味的高檔食材，所開發的客戶的需求自然也是高標準要求，因此，如何落實客戶滿意度著實是一項極重要的任務。究好豬品牌大致朝向下列幾個方向進行精進：

1. 協助餐廳客戶進行食材的開發

　　建議臺中知名火鍋店利用里肌小排的骨頭在客戶面前燉煮豚骨湯，並且用里肌小排的肉質代替火鍋肉片，鮮甜美味而躍升為主打商品。

2. 提供食材規格的客製化服務

針對客戶的特殊需求提供客製化服務，例如提供特殊切法精選肋骨，讓知名肉骨茶連鎖店的客人在享受肉骨茶湯的美味之外，還可以品嚐到肉質甜美的骨肉。

3. 行銷活動的配合

舉辦各縣市有機商店的全臺巡迴試吃活動，除了讓消費者更認識究好豬肉的理念，同時也展演更多的其他料理食譜，更重要的是能夠促進店鋪的活絡氣氛而增加買氣。

4. 品牌聯名的行銷合作

與客戶執行策略聯盟，藉由聯名商品的共同開發達到品牌相乘的效果，例如：天一製藥、奇美食品、漢典食品…等。

5. 物流交貨的使命必達

完整的冷鏈運輸讓客戶可以在指定時間內收取低溫商品以保持食材的鮮美。甚至客戶臨時必須取得某項商品，業務人員可以遠從高雄開車回雲林工廠載貨，夜間直奔臺北送到客戶手上。

6. 客戶同業間互相引薦認識

互相引薦餐飲客戶認識，他們經由介紹而多一個交流學習的機會，其中不乏激盪出新的合作契機。

7. 供應商人脈互相引薦的服務

例如：有一對夫妻決定根留臺灣，破釜沉舟不回美國了，於是用心研發專賣起司，做為供應商的究好豬常常介紹有需求的餐飲業者，希望能夠幫助這對夫妻的創業之路。

另外有一家蛋品的優質廠商想認識小籠包專賣店，究好豬也將自己的客戶名單提供給蛋品廠商。

8. 舉辦究好豬感恩會

2018、2020 年各舉辦一次究好豬感恩會，廣邀全國餐飲通路、有機商店…等客戶數百家齊聚一堂，除了給予尊崇的感恩敬意之外，以良作工場究好豬做為平臺，讓眾多同異業互相認識，期許大家可以激發更大的創意能量。

習題 EXERCISE

( ) 1. 在雲林斗南鎮石龜火車站與大埤鄉工業區交接處,有一間以「豬肉」為主題相當有設計感的觀光工廠是: (A)良作工場 (B)手信霧隱城 (C)赫蒂法莊園 (D)老楊方城市。

( ) 2. 良作工場農業文創館,透過「好豬方程式=好的育種+好的何種環境+好的飼料營養品」的知識,以及全國唯一開放給民眾自由參觀的豬肉分切場? (A)生活 (B)飼養 (C)住宿 (D)生長。

( ) 3. 祥圃公司藉由豬肉產業創新模式達到兩個目的:確保國人的什麼與農民互利共榮,並提升其社經地位? (A)身體健康 (B)安居樂業 (C)飲食安全 (D)生命財產。

( ) 4. 從農產到餐桌的距離似遠又近,能否提供消費者安心吃飯,關鍵只在: (A)良心 (B)品質 (C)食材 (D)用餐環境。

( ) 5. 哪家餐廳也是良作工場農業文創館落實五感行銷策略的一環,藉由主廚的匠心設計,將各式部位肉加以不同的料理方式,呈現究好豬肉的源封美味,吸引各地老饕不辭千里來覓食? (A)來呷飯 (B)摩爾花園 (C)劍湖山 (D)垂直食肆。

( ) 6. 由一特定交易所產生的情緒性反應,是顧客在消費或特定使用情形下,對商品傳達之價值所產生的一種立即情緒性反應是: (A)顧客喜好 (B)顧客滿意 (C)顧客忠誠 (D)品牌口碑。

( ) 7. 顧客滿意度決定於顧客所預期的產品或服務利益的實現程度,它反應的是「預期」與何者結果的一致程度? (A)猜測 (B)實際 (C)理想 (D)調查。

( ) 8. 顧客滿意度其實是一種什麼的「比較過程」,不論是投入成本與獲得利益的比較,或是購前預期與實際結果的比較,一旦顧客的期待獲得滿足,就進而產生滿意? (A)購買前評估 (B)顧客忠誠度 (C)內心真實想法 (D)購買後行為。

( ) 9. 影響顧客的三個決定性要素為:事前的什麼、事後的實際認知以及不確認性? (A)評估 (B)想法 (C)期望 (D)理想。

( ) 10. 顧客滿意度的基本競爭策略公式是由「顧客服務」、「未期待之特性與服務」與何項所組成的顧客滿意度? (A)顧客期待 (B)顧客理想 (C)顧客關心 (D)顧客忠誠。

解答:1.(A) 2.(B) 3.(C) 4.(A) 5.(D) 6.(B) 7.(B) 8.(D) 9.(C) 10.(C)

參考文獻　REFERENCES

A. Westlund & C. Fornell(1993), "Customer Satisfaction Measurements and Its Relationship to ProductivityAnalysis," Proceedings of the 8th World Productivity Congress Stockholm, P70-88

Aaker D.A(1991), Managing Brand Equity, Free Press.

Aaker D.A(1996), Building Strong Brand, New York, The Free Press.

Albrecht&,K.and Zemke,r.(1985),"Achieving Excellence in Service",Training and development Journal, 66-67.

Anderson, Claes Fornell and Donald R. Lehmann(1994), "Customer Satisfaction,Market Share, and Profitability: Findings from Sweden, "Journal of Marketing, Vol.58, P.53-66。

Armistead, C.G.(1985), "Design of Service Opertions" in Operations Management in Service Industries and the Public Sector, Christopher Voss, ed. New York: John Wiley and Sons, Inc.

Berman & Evans(1992), Retail Management: A Strategic Approach, New York, Mac Millan Publishing Co., pp.189-193.

Bitner(1990), "Evaluating Service Encounters: The Effects of Physical Surroundings and Employee Responses,"Journal of Marketing,Vol.54, pp.69-82.

Bitner and Hubbero(1994)Critical Service Encounters: The Employee's Viewpoint," Journal of Marketing, 58(October), 95-106.

Bitran, Gabtiel R. and Johannes Hoech(1990), "The Humanization of Service: Respect at the Moment of Truth, "Sloan Management Rwview, Winter,89-96.

Bolton and Drew(1991), "A Multistage Model of Customers' Assessments of Service Quality and Value". Journal of Consumer Research, Vol.17, No.4, pp.375-384.

Bolton and Drew(1991),A Multistage Model of Customers' Assessments of Service Quality and Value," Journal of Consumer Research, Vol.17, March, pp.375-384.

Carman(1973),James M. & P. Kenneth,"VHL. Phillis and Duncanis Marrketing: Principles and Methods",7th Ed.,Richard D.Irwin Inc.,1973.

Crnonin and Taylor(1992), Measuring Service Quality: A Reexamination and Extension," Journal of Marketing, Vol.56, July, pp.55-68.

Day(1977),Ralph L., Extending the Concept of Consumer Satisfaction, Atlanta: Association for Consumer Research, No4, pp.149~154.

Disk, Alan S and Basu Kunal(1994),"Customer loyalty: Toward an tntegrated conceptual framework" Journal of the Academy of Marketin Science,v22(2),99-113.

Engle, James F., Blackwell, Roger D. & Miniard, Paul W.(1933), Consumer Behavior, 7thed, Orlando Florida, Dryden Press.

Fletcher, R. and Powell, M. J. D.(1942)"A rapidly convergent descent method for minimization," Computer Journal, Vol. 6, pp.163-168.

Fornell(1994), Customer Satisfaction, Market Share and Profitability: Findings from Sweden. Journal of Marketing, 58(July), pp.53-66.

Fornell, Claes(1992), "A National Customer Satisfaction Barometer: The Swedish Experience, "Journal of Marketing, Vol.56(January), 403-412.

Garrin,, David A., (1983) "Quality on the line ",, Harrard Business Review, sep.-Oct.

Griffin J. "The Internet's expanding role in building Customer Loyalty", Direct Marketing, Vol.59,Nov.1995,pp50-53.

Griffin J.(1997),"Customer Loyalty How to Eam It, How to keep It", Lexington Book, NY.

Gronroos,(1990), Service Management and Marketing. Lexington, MA: Lexington Books.

James F. Engel, Roger D. Blackwell ＆ Paul W. Mininard, Consumer Behavior,(New York: The Dryclen Dress, 1986).

Johnson and Forncll(1991), Developing the Determinants of Service Quality, in Langear, E. And Eiglier, P.(Eds), Marketing, Operations and Human Resources Insights into Services, pp.373-400.

Johnson, D. and Fornell, C., 1991. A Framework for Comparing CustomerSatisfaction across Individuals and Product Categories, Journal of EconomicPsychology, 12(2): 267-286.

Kelley, S.W.(1989)"Efficiency in Service Delivery: Technological or Humanistic Approaches?" The Journal of Services Marketing, 3(1), 43-50.

Klaus, P.(1985). Quality Phenomenon: The Conceptual Understanding of Quality in Face-to-face Service Encounters. In Czepiel, J. A. Solon, M. R. and Surprenant, C. F.(eds), The Service Encounters: Managing Employee Customer Interaction in Service Business, Lexington, MA: Health and Co.

Kotler(1991)Marketing Management: Analysis, Planning, Implementation and Control, 7th ed. Prentice Hall International INC.

LaTour, Stephen A., and Nancy C. Peat(1979), "Conceptual and Methodological Issues in Satisfaction Research, "Advances in Consumer Research, Vol.6, 431-437.

Martin, W. B.(1986), "Defining What Quality Service Is for You, "The Cornell Hotel and Restaurant Administration Quarterly, February, 32-38.

Mason、Mayer and Ezell(1991)Retailing, 4th edition, Boston, MA: IRWIN. 27.

Oliver(1993), Cognitive, Affective and Attribute Bases of the Satisfaction Response," Journal of Consumer Research, Vol.20, December, pp 418-430.

Oliver, Richard L.(1980), "A Cognitive Model of the Antecedents and Consequences of Satisfaction Decisions, "Journal of Marketing Research, 17(November), 460-9.

Olshavsky, R.W.(1985), "Perceived Quality in Consumer Decision Making: An Integrated Theoretical Perspective, "in Perceived Quality, J. Jacob and L.J. Olsen, eds. Lexington, MA: Lexington Books.

Parasuraman, Valarie A. Zeithaml, and Leonard L. Berry(1985), "A Conceptual Model of Service Quality and Its Implications For Future Research" Journal of Marketing, 49,(Fall), 41-50.

Parasuraman, Valarie A. Zeithaml, and Leonard L. Berry(1988), "SERVOUAL: A Multiple-Item Scale For Measuring Consumer Perceptions of Service Quality," Journal of Retailing, 64(Spring), 12-40.

Patterson and Jonnson(1993)" Disconfirmation of Expectations and the Gap Model of Service Quality: An Integration Pardigm, " Journal of Consumer Satisfacter, Dissatisfaction and Complaining Behavior, Vol. 6, No. 3, pp.90-99.

Raphel,N and Raphel,M.(1995),Loyalty Ladder, Harper Collins Publishers Inc.

Rohrbaugh, J.(1981),"Oprtationalizing the Competing Value Approach: Measuring Performance in Employment Service", Public Productivity Review, 5(2).

Rosander A. C.(1980), "Service Industry QC-Is the Challenge Be Met?" Quality Progress, September, 35.

Rust and Oliver(1994),Service Quality, SAGE, Thousand Oaks California.

Sasser,W. Earl, Jr., R. Paul Olsen, and D. Daryl Wyckoff(1978),Management of Service Operations: Text and Cases. Boston: Allyn and Bacon.

Social Psychology, Vol.37, pp. 1211~1220.

Swan, John E. and Fredrick I. Trawick and Maxwell G. Carroll(1981), "Satisfaction Related to Predictive,Desire Expectations: A Field Study, "New findings on Consumer Satisfaction and complaining, Ralph S.

Takeuchi ,Quelch,J.A.,and Hirotaka(1983),"Quality is more than making a good product,"Harvard Business Review.

Taylor(1992)"Measuring Service Quality: A Reexamination and Extension," Journal of Marketing, Vol.56, July, pp.55-68.

Taylor and Binker(1994), Measuring Service quality for strategies planning and analysis in service firms. Journal of Applied Business Research.(10)4: 24-34.

Tse, David K. and Peter C. Wilton(1988), "Models of Consumer Satisfaction Formation: An Extension, "Journal of Marketing Research, 25(May), 204-212.

Westbrook, R. A.(1987), " Product/Consumption-Based Affective Responses andPostpurchase Processes, "Journal of Marketing research, 24(Aug), pp. 258-270.

Westbrook, Robert A.(1980), "A Rating Scale for Measuring Product／Service Satisfaction, "Journal of Marketing, Vol.44, (Fall), 68-72.

Williams,R.H.&Zigli,R.M.(1987),"Ambiguity Impedes Quality in the Service Industries,"Quality Progress,14-17.

Woodruff,Robert B,Ernest R. Cadotte and Roger Jenkins L,(1993),"Mofrlinh Vondumrt dsyidgsvyion Processes Using Experience-Based Norms,"Journal of Marketing Research,196-204.

Woodruff, Robert., Ernest R. Cadotte, and Roger L. Jenkins(1983), "Modeling Consumer Satisfaction Processes Using Experience-Based Norms, "Journal of Marketing Research, 20(August), 296-304.

Woodside A.G.frey,L.&Daly,R.T.(1989),"Tinking Service Quality,Customer Satisfactin, and Behavioral Intention",Journal of Care Marketing,5-17.

Zeithaml, Valarie A., Leonard L. Berry, and A. Parasuraman(1993), "The Nature and Determinants of Customer Expectations of Service," Journal of the Academy of Marketing Science,21(Winter),1-12.

Zeithaml,V.A.(1988).Consumer perceptions of price, quality,and value: A means-end model and synthesis of evidence.Journal of Marketing,52,2-22.

Zimmerman, C.D.(1985),"Quality: Key to Service Productivity," Quality Progress,June,32-35.

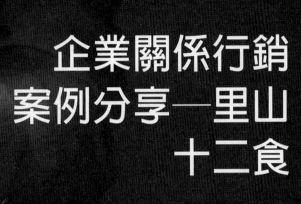

企業關係行銷案例分享—里山十二食

9.1　企業關係行銷範疇

關係行銷早期的定義主要著重在「傳統的」供應商與顧客關係(Supplier-Customer Relationship)，之後關於關係行銷之討論，其貢獻也在於擴大此一範疇。雖然有無數多的模式，但卻無單一的定義可含括所有相關的觀念，然而這些模式似乎逐漸趨向一致，除了焦點在顧客外，企業應該考慮較廣泛的夥伴關係，包括與供應商、內部顧客及機構的中間商之間的關係。

關係行銷首要與最先的任務在於將焦點關係(Focal Relationship)擺在購買者與供應商兩者之間以及此種關係的管理，然而為了順利完成此項任務，在此過程中的其他「利害關係人」(Stakeholders)亦應被納入。

一個共通的主題是，企業應該致力於與其所有的利害關係人發展相配長期的關係(Hunt, 1997; Reichheld, 1996)，不論關係模式是否存在「六種類型的市場」(Christopher et al., 1991; 1994)、「十種類型的參與者」(Kotler, 1992)、「四種類型的夥伴關係」(Buttle, 1996)、「四種夥伴與十種關係」(Hunt and Morgan, 1994)或者是「3QRs」(Gummesson, 1996)，這些理論之間共通的範圍皆圍繞在「核心公司與其夥伴」之間的概念。由此可知，當公司走向關係行銷策略時，可視其從二元(dyadic)朝向一系列多方的相互關係，而未必是單獨專注在供應商－顧客之間的互動。

不同的學者可能會特別專注在不同的利害關係群體，而 Gummesson(1999)則特別著重在公司與其利害關係人之間各種可能的關係之深入且詳細的探討，因其認為各種關係皆可含括在此範圍內，然而為了簡化起見，各種不同的關係或可劃分成四種主要的群組，包括顧客夥伴、內部群體、供應商夥伴及外部夥伴。此種行銷的觀點有別於傳統行銷所強調的重點，行銷不再只是交換而已（商品與貨幣的轉移）；它對於供應商、經銷商、顧客、客戶及其他相關群體之間對話的創造與維持亦相當的重視，使得所有相關的參與者都對此一購買過程感到滿意。表 9-1 與圖 9-1 展示了不同學者所提出的關係類型及彼此之間的關聯性。

不同學者所提出的關係類型不同，但彼此之間具有關聯性，整理如圖 9-1。

📋 表 9-1　不同學者所提出的關係類型

核心關係及關係類型			
	顧客夥伴	供應商夥伴	內部夥伴	外部夥伴
Doyle(1995) 核心公司與其夥伴	顧客夥伴	供應商夥伴	內部夥伴 員工 功能性部門 其他支援單位	外部夥伴 競爭者 政府 外部合夥者
Hunt and Morgan(1994) 四種夥伴與十種關係	購買者夥伴 中間商 最終消費者	供應商夥伴 商品供應商 服務供應商	內部夥伴 事業單位 員工 功能性部門	平行夥伴 競爭者 非營利組織 政府
Christopher et al.(1991, 1994) 六種市場	顧客市場	供應商市場	內部市場 員工市場	轉介市場 影響力市場
Gummesson(1996, 1999） 3ORs	典型的市場關係 典型的二元關係（顧客／供應商） 典型的三元關係（上述＋競爭者） 典型的網絡關係（配銷通路） 特殊的市場關係 專職／兼職行銷人員 服務接觸人員 多頭的顧客／供應商 顧客的顧客之關係 親密與疏遠的關係 不滿意的顧客關係 獨占的關係 顧客即為會員 電子式關係 連體社群帶的關係（共生等） 非商業的關係 綠色關係 法律為基礎的關係 犯罪網路		共同的關係 利潤中心 內部關係 品質（如設計、製造） 員工 矩陣關係 行銷服務 所有權人／資本家	巨型的關係 人際／社會 巨型組織（如政府聯盟） 知識關係 巨型的聯盟（如EU, NAFTA） 大眾媒體

資料來源：John Egan、方世榮譯(2005)，《關係行銷》

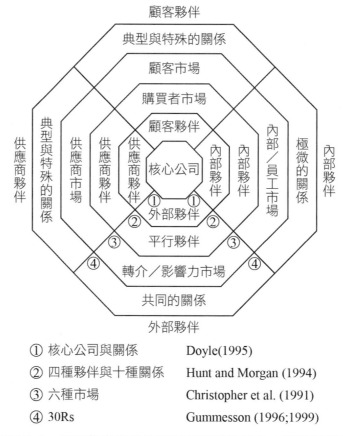

① 核心公司與關係　　　Doyle(1995)
② 四種夥伴與十種關係　Hunt and Morgan (1994)
③ 六種市場　　　　　　Christopher et al. (1991)
④ 30Rs　　　　　　　　Gummesson (1996;1999)

▲圖 9-1　不同學者所提出的關係類型及彼此之間的關聯性

資料來源：John Egan、方世榮譯(2005)，《關係行銷》

9.2　企業關係行銷核心

　　關係行銷與傳統行銷之最顯著的差異在於，關係行銷一般被認為延伸了行銷的焦點，超越單一的買賣雙方之二元關係，並含括了其他類型的組織關係，而使強調的重點有了很大的改變，但顧客－供應商關係仍是關係行銷中的主要議題，且事實上橫跨整個行銷領域。

　　Christopher et al.(1991)指出「顧客市場」仍是主要的焦點，提出關係行銷之六種市場模式的核心位置，如圖 9-2 所示。

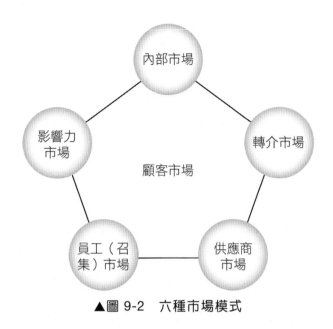

▲圖 9-2　六種市場模式

9.3 企業對企業(B to B)之關係行銷

論及組織間關係與人際關係等的概念，企業對企業(B to B)的關係時，乃意謂著「沒有任何企業可自立於一個孤島」。大多數的企業對企業市場存在相互依賴的本質，某類型或另一類的企業關係是無可避免的。討論企業對企業關係的主要問題是，由於存在許多各種不同類型的關係，它們全都含有「關係」這個名詞，因此有可能過於一般性而無法提供更完整與更具體的見解。

交易的夥伴關係(Trading Partnership)非新的行銷觀念，企業對企業行銷的領域中，與長期關係有關的概念已存在一段相當長的時間，且在實務中亦行之有年，例如企業員工與雇主、主管之間的人際關係，長久以來即頗受買方與賣方組織及這些組織內的個人所重視。

9.4 組織的外部關係

組織的外部關係可從垂直與水平兩個層面來看，分別說明如下：垂直的關係意指整合所有或部分的供應鏈之成員，包括零組件供應商、製造商及中間商等。水平關係意指那些處在配銷通路同一階層的組織（包括競爭者）所有形成者，雙方關係可能為了彼此的互利而進行合作與結合。組織的外部水平與垂直關係可以下圖 9-3 表示。

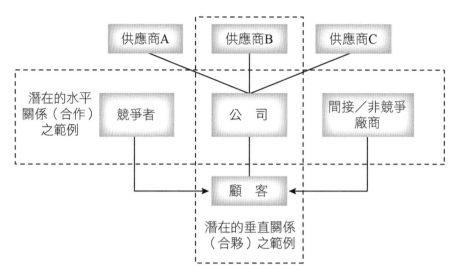

▲圖 9-3　企業對企業之水平與垂直關係

資料來源：John Egan、方世榮譯(2005)，《關係行銷》

　　水平關係與垂直關係彼此間並非互斥的，對一個組織而言，在這兩類關係中有可能同時擁有許多雙邊與多邊的關係類型。當企業採取此類關係時，不僅可能出現一夫多妻（或一妻多夫）的情況，且亦是頗為盛行的。雖然這些關係型態從很多方面來看都有類似的特性，但若個別來探討則亦有其特殊的涵義。因此，垂直關係探討的是供應商夥伴或合夥關係(Partnering)，水平關係探討的則為同一階層的組織（包括競爭者）的「合作關係」(Collaborations)。

9.5 供應商夥伴關係

　　顧客與供應商之間的夥伴關係有多種不同的形式，且有許多不同的面貌。例如，Christopher et al.(1991)指出，Phillips 稱這類關係為「賣主夥伴」(Vendor Partnership)，而 AT&T 則稱之為「共同的製造商」(Co-Makerships)。雖然我們在此使用「供應商夥伴關係」(Supplier Partnership)來描述這類垂直關係，但從廣泛的意義來看，它意指垂直供應鏈內任何的雙向關係(Two-Way Relationship)，且通常可簡稱為「合夥關係」(Partnering)。很顯然的，供應商夥伴關係乃「顧客夥伴關係」的另一面，因此其與前面曾討論的「夥伴」(Partners)之間的一般關係，在一些相關的觀念上是可相互適用的。因此，組織的外部關係可從消費性商品與服務（及一般所稱的企業對消費者，或 B to C）的角度，對關係的大多數（但未必全部）觀念詳細討論，也可以集中在供應鏈的上游之關係的探討。有關上述之最普遍的說法乃是所謂的「企業對企業」(B to B)的關係，此一名詞最常套用在「工業品與服務行銷」的領域。

「夥伴」(Partners)有各種形式，因此很難有一個足以含括所有「夥伴」關係之一般化的定義：「夥伴」是顧客與供應商組織之間的一種關係，當「夥伴」的雙方體認到彼此的主要目標是相容的，若能發展密切的關係，則雙方的聯合行動將可提高效率與效能。

由此可知，發展夥伴關係之最主要的理由，在於改善效率與效能，並藉以提升價值創造之系統與功能。Sheth and Sisodia(1999)認為，買方與賣方經由合夥可獲致垂直整合方面的許多優點，且可免除因購併所衍生的問題。它們認為這類優點包括：

1. 降低交易成本。

2. 確保供應來源。

3. 改善協調的效率。

4. 提高進入障礙。

此種買方與賣方的合作型態，本質上亦有多種不同的做法，包括建立長期的契約承諾、個人資訊的公開與分享以及生產、運送和購買流程的調整，以迎合買方與賣方之要求與需要。

9.6　供應商與製造商之關係

探討大型企業與供應商的關係，必須對供應商的定位做一個說明，學者曾做下列解釋：供應商係指供給生產者及其競爭者所需資源，以生產特定產品或服務的公司或個人，供應商又可稱協力廠商，是指工廠對於其具有長期或經常買賣關係或從事提供某種特殊零件，以及從事中心工廠之簡易加工的供應廠商而言。

整個供應鏈體系中，就單一廠商而言，往往具有多重身分，它會是一方的製造商，但也可能是他方的供應商，因此，我們藉由供應商與製造商關係之文獻探討，作為探討代工關係之中上游與下游之廠商。

在過去，製造商與供應商的關係值基於以價格導向之傳統交易型態，一旦有其他的承包商能夠提供更便宜的價格，那麼原先的承包商就會立即被取代之。今日，相互依賴的結果，使得存在於代工買主與代工廠商間的關係是較平等、長期的且具策略性。買主與供應商間的合作關係，乃建立在資訊分享、同心協力和長期合約上升。

透過資訊科技的使用，來加強彼此間溝通，互相密切的聯繫包括排程、交期、料況等，來達到交換及更新作業流程狀態的目的。除去繁瑣的層層通報與耗時耗力，使得整個供應鏈運作更具效率。

根據前面描述，Stuart(1993)將傳統與現今買主與供應商間關係之改變整理如表 9-2。

表 9-2　傳統與現今合夥關係要素比較表

傳統	現今
1. 以價格選擇基礎	1. 考慮多項因素（例：管理哲學）
2. 眾多的供應來源	2. 減少供應商數量
3. 短期契約關係	3. 長期契約關係
4. 以議價為考量	4. 考慮供應商附加價值
5. 資訊壟斷	5. 資訊分享
6. 個別解決問題	6. 共同解決問題
7. 利益分享以權力關係為基礎	7. 利益被公平分享
8. 間斷性改善	8. 持續改善
9. 清楚劃分企業責任	9. 部分的垂直整合

資料來源：Stuart(1993)

9.7　敵對關鍵因素

在此傳統思維下供應商與製造商相互競爭以求本身最大利益，而雙方關係傾向敵對狀態。在實務上，製造商為了減低供應商議價能力，會採取與多個供應商交易以維持原物料的穩定，同時原物料著重可替代性，以降低原物料間的轉換成本，且避免供應商維持長期的合約，使製造商本身能迅速轉換合作對象，契約對雙方來說，其關係便屬於零和賽局，雙方都不能建立起長期互信關係，造成此一敵對關係，乃由三種主要關鍵活動所致。

1. 製造商依賴眾多採購來源，使得供應商彼此間產生一種價格上的制衡力量，同時藉此確保貨源穩定。

2. 製造商採用分配採購數量的方式以使其供應商皆有訂單。

3. 製造商通常採用短期契約的心態來面對供應商。

這樣的結果雖會有比較具競爭力的採購金額,但相對地卻造成對供應商管理上的複雜與困難,同時由於採購來源眾多,造成採購品參差不齊,另一方面因為與供應商間的關係較不和諧,較無法獲得供應商的充分合作與額外的服務。由此可知,現今資訊流通迅速,市場競爭激烈環境下,越來越多的廠商放棄以往講求短期利益的觀點,改採與其供應商建立起長期合作關係,增加互動的頻率及層級,以共同尋求新產品開發、技術支援,並追求整體利益的最大化目標。

9.8 企業夥伴關係的轉變

Watts et al.(1992)以表 9-3 說明為了配合企業的競爭策略,以長期性規劃的觀點,契約雙方的關係應該由對立狀態轉移至合作狀態,由議價力之強弱關係轉移至夥伴關係,在供應商的選擇基準方面,由以產品為基準的模式轉至以供應商能力為基準,由強調短期性營運績效的基準轉移至強調長期性策略績效。

表 9-3　製造商與供應商關係的轉變

供應商的選擇基準 關係狀態	以價格／品質為基準	以產能為準
敵對的議價能力關係 買方議價力＞賣方議價力	1. 強調短期且具作業性 2. 以價格／品質為準 3. 眾多供應商	1. 長期且具策略性 2. 以產能為準 3. 相互競爭 4. 眾多供應來源
合作的夥伴關係 買方議價力＝賣方議價力	1. 非價格為準 2. 強調作業性運作 3. 管理支援 4. 技術性相互通報	1. 強調策略性運作 2. 單一來源 3. 在成本、品質、交期與彈性作持續改善

資料來源：Watts, Kim, and Hahn(1992)

製造商一方面可以享有使供應來源更穩定及對成本和品質更多的控制所帶來的好處;然而,過度的倚賴企業夥伴,將會失去供應商的控制,過度的評估合作所帶來的效益,而忽略了潛在的缺點,如此一來將降低兩者的合作競爭力。因此我們不容忽視製造商與供應商合作關係的改變,雖產生許多利益,但也存在風險。

9.9 · 資源依賴理論

供應商與製造商之契約對交易雙方提供兩項主要好處：一為透過一套合法的制度提供保護，以避免發生問題；另一為藉由提供未來的計畫來規範彼此之間的關係。但假如在因應環境的改變上，契約導致供應商與製造商關係夥伴的彈性減低，則契約也可能變成一種負擔，資源依賴理論提出契約能用來減低環境的不確定性。Macneil(1980)將交易的形式簡要描述如下：

一、離散交易(Discrete Transaction)

交易雙方的溝通極為有限且對於交易結果並不是很滿意，而在交易時，彼此的身分是忽略的。離散交易與新古典經濟理論的假設是一致的，每次交易皆被視為是獨立的，交易只不過是產品或服務移轉而已。

二、關係交易(Relational Exchange)

每次交易皆必須顧及過去的交易歷史以及預期的未來，未來的合作可能會由隱含的與明確的假設、信賴與規劃而促成。參與者預期能獲得複雜的、個人的與非經濟面的滿足從事交易活動。由於責任與績效相當複雜，且會持續一段時間，雙方可能會對定義與衡量交易的項目仔細管理，也許會有第三者進行宣告，並設計合作與解決衝突的機制。交易形式的比較概述如下表 9-4。

📋 表 9-4　交易形式比較

特徵　　　契約要素	離散交易	關係交易
1. 情境特徵		
交易時程（開始、持續時間、結束）	明確的開始，持續時間短，清楚的結束	基於之前的合約而開始，持續時間長，反映出持續進行的過程
夥伴的數目	兩方	基於兩方
義務（內容、來源、明確性）	內容來自於簡單的要求，義務來自於信念及習俗，標準化義務	義務內容與來源是彼此關係中所做的承諾，義務沒有標準化
期望	會有利益的衝突，但未來不會有麻煩，因為立即付款排除了未來需相互依賴的可能	利益的衝突與未來的麻煩能藉由互信與共同努力來取得平衡

表 9-4　交易形式比較（續）

特徵 ＼ 契約要素	離散交易	關係交易
2. 過程特徵		
主要人際關係（社會互動與溝通）	最少的人際關係；由例行性的溝通掌控	獲得重要的、個人的、非經濟面的滿足；使用正式的及非正式的溝通
契約的連帶責任（交易行為的控制以確保績效）	由社會規範、規則與成規來管理	強調自我控制，心理的滿足導致內部的調適
移轉（將權力、義務及滿足移轉至另一方的能力）	完全移轉：誰履行契約義務並不重要	有限移轉：交易依賴身分
合作（尤其是對績效與規劃共同的努力）	沒有合作行為	共同的努力與績效及規劃有關
規劃（處理改變與衝突的過程與機制）	主要專注於交易的物品，不期待未來	著重機要的過程，清楚的規劃未來並盡力達成目標
衡量與明確性（交易的預測與評估）	不注重測量與詳細說明書	重視衡量、詳加敘述量化所有績效面因素
權力（將一方的意圖加諸於另一方的能力）	履行承諾時，會運用權力	高度的相互依賴，增加權力運用的重要性
利益與負擔的劃分（共享利益分擔）	利益與負擔分割清楚	共同分享利益與負擔

　　制式化契約與規範性契約也並非連續帶上的兩個端點，廠商可以簽訂制式化契約但仍與合作夥伴保持友好關係。必須注意的是離散交易並不代表制式契約，而關係交易並不代表規範契約，但理論上在一連續帶上，制式化契約是較偏向於離散交易一方的，而規範性契約較偏向於關係交易一方。

▶▶▶ 里山十二食—用整合行銷串起農食一條龍，品亨用里山打造產消雙贏

　　一般人談到整合行銷，大部分指整合行銷傳播，也就是企業將廣告、客戶溝通、商品促銷、公共關係與消費者關係經營等各種傳播溝通形式整合管理，將生產、銷售、人力資源、研發、財務等資源做綜效評估與投放，使得原本個別分散的傳播資訊能夠整合運用，將企業及其產品或服務的總體傳播效果達到明確、連續、一致和提升。

　　不過，如果將整合行銷運用到農業的生產、加工與物流的供應鏈管理，再結合現有電子商務與數位傳播科技進行品牌行銷，將產宣銷整合為一條龍管理，卻十分少見，能夠再進一步結合當前的環保潮流，打造友善土地的正向循環，更屬難得。

　　品亨國際，就是這樣一家從畜牧養殖、食品加工、品牌經營、通路銷售策略建構一條龍農食產業鏈的整合行銷公司，他們不僅用永續精神經營優質品牌，創造精緻商品價值，更與合作的農戶夥伴群策群力，秉持里山精神，希望創造出兼具生活、生產、生態的共同事業。這樣的模式，要扭轉農產品菜金菜土的刻板印象，也直接到產地源頭為消費者把關食品安全，作為提供安心食材的後盾。

▲圖 9-4　品亨國際將畜牧業精緻品牌經營，並以全方位數位整合行銷

　　為讓消費者理解開發的農畜產品理念精神，他們將品牌命名為「里山十二食」。品亨國際整合行銷執行長林淑玲說，「里山」一詞源自日本，倡議人類與生態和諧共生，追求永續平衡。品亨循此理念，透過落實臺灣在地的畜牧循環育作與降低食物里程，要讓消費者品嚐到友善環境、天然單純的美味食物。

「里山十二食」之里山牛，就是一個要扭轉臺灣牛被刻板消費的畜產品品牌。過去臺灣牛肉總被侷限在價位高的溫體牛肉湯、涮涮鍋的產品市場，推廣的普及性很有限。為打破臺灣牛叫好卻叫座有限的困境，品亨國際決定從產地就開始貫徹里山倡議的精神。

▲圖 9-5 里山牛

「里山牛」契作牧場隱身在苗栗縣苑裡鎮水坡里舊窯場丘陵地，飼養的牛隻維持 200~240 頭之間，是中北部最大宗的本土黃牛場。為兼顧牛隻營養及環境清淨，多次調整飼料配方，最後改用乾料，以玉米梗、甘蔗渣、乾牧草為主，果菜市場的新鮮殘次蔬菜、水果為輔。

林淑玲表示，透過與臺灣在地牧場契作，以約定飼養方式讓牛隻吃天然蔬菜水果長大，減少玉米、穀類等澱粉質或高蛋白飼料的肥育過程，這樣的人道飼養不僅符合動物福利，也降低依賴進口飼料的食物里程，培育的臺灣牛肉肉質更具有低脂高蛋白特性，易於咀嚼消化。

除了養殖方式重視動物福利與友善環境，品亨國際也採取人道屠宰，並輔以職人專業分切，還自設恆溫冷藏室，配合專業濕式熟成技術，將新鮮冷藏牛肉以高阻隔收縮袋包裝塑形，讓肉品因本身天然酵素慢慢熟成，蛋白質受酵素的作用而被分解軟化肉質，進而形成胺基酸，成就軟嫩甜美的風味。

從養殖、屠宰、分切、熟成與保存的過程，「里山十二食」都實施危害分析重要管制點系統制度 HACCP(Hazard Analysis and Critical Control Point）。HACCP 強調食品生產過程，包括從原料採收處理，經由加工、包裝，流通乃至最終產品提供消費者的過程，必須進行科學化及系統化之評估分析，以了解各種危害發生之可能性。危害經分析後，針對製程中之某一點、步驟或程序，或危害發生之可能性高的部分，訂定有效控制措施與條件，以預防、去除或降低食品危害的程度。

從「里山牛」開始，「里山十二食」將步伐跨足「里山雞」。品亨國際不僅嚴選南投埔里的優質養雞場契養臺灣品種紅羽土雞，觀察到雞隻有「洗沙浴」的天然

習性，藉以維持身體健康甩掉寄生蟲，因此里山雞的契約牧場使用「蚓糞土」鋪設在養雞場。這些「蚓糞土」來自蚯蚓取食分解農業廢棄物後排放的糞便，這些糞便透過蚯蚓分解產生，不僅讓土壤變得更鬆軟乾淨，更添加益生菌，讓雞隻在乾淨的「蚓糞土」洗沙浴，也減少罹病的機率。

▲圖 9-6　里山雞

這些紅羽土雞在廣闊的空間活動，在「蚓糞土」上洗沙浴，所產生的雞糞也透過蚯蚓分解，土雞啄食摻有益菌的土壤助腸胃消化，形成農牧養殖循環體系。里山雞透過 10~12 週養育，肉質 Q 彈皮薄味甜，吸引許多私廚預訂為幸福料理。

「里山十二食」從源頭推動友善環境及消費者的共好經濟，並結合臺灣冷凍商品生產龍頭廠商，堅持使用純天然在地食材研發出鮮甜驚豔的知名麵食、湯品等冷凍即食料理產品。以冷凍食品「臺灣牛三星蔥餡餅」為例，「里山十二食」以創辦人故鄉的宜蘭三星蔥結合里山牛。不需要複雜的調味或烹飪技巧，只用最簡單快速的方式來悶煎，便足以傳遞出臺灣在地食材天然健康、鮮甜肉香的味蕾饗宴，綻放出的美味簡直令人心醉。

▲圖 9-7　臺灣牛三星蔥餡餅

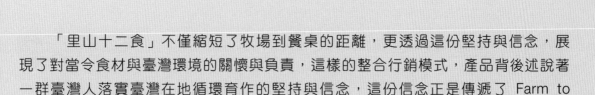
　　「里山十二食」不僅縮短了牧場到餐桌的距離,更透過這份堅持與信念,展現了對當令食材與臺灣環境的關懷與負責,這樣的整合行銷模式,產品背後述說著一群臺灣人落實臺灣在地循環育作的堅持與信念,這份信念正是傳遞了 Farm to Table 的品牌精神。

顧客關係管理—創造關係價值 ★★★

習題 EXERCISE

( ) 1. 從養殖、屠宰、分切、熟成與保存的過程,「里山十二食」都實施危害分析重要管制點系統制度,即: (A)GHP (B)HACCP (C)GMP (D)CIP。

( ) 2. HACCP 強調食品生產過程,包括從原料採收處理,經由加工、包裝,流通乃至最終產品提供消費者的過程,必須進行哪些評估分析,以了解各種危害發生之可能性? (A)科學化及社會化 (B)系統化及社會化 (C)科學化及系統化 (D)安全性及系統化。

( ) 3. 「里山十二食」的整合行銷模式,產品背後述說著一群臺灣人落實臺灣在地循環育作的的堅持與信念,這份信念正是傳遞了哪種品牌精神? (A)Table to Farm (B)Farm to Farm (C)Table to Table (D)Farm to Table。

( ) 4. 關係行銷首要與最先的任務在於將焦點關係(focal relationship)擺在購買者與何人兩者之間以及此種關係的管理? (A)企業主 (B)供應商 (C)經銷商 (D)貿易商。

( ) 5. 交易的何種關係非新的行銷觀念,企業對企業行銷的領域中,與長期關係有關的概念已存在一段相當長的時間? (A)夥伴 (B)平等 (C)競爭 (D)敵對。

( ) 6. 組織的外部關係層面之一的垂直的關係意指整合所有或部分的何種之成員,包括零組件供應商、製造商及中間商等? (A)製造鏈 (B)分銷鏈 (C)供應鏈 (D)物流鏈。

( ) 7. 垂直關係探討的是供應商夥伴或合夥關係(Partnering),水平關係探討的則為同一階層的組織(包括競爭者)的哪種關係? (A)競爭 (B)敵對 (C)合作 (D)平等。

( ) 8. 發展夥伴關係之最主要的理由,在於改善哪些地方,並藉以提升價值創造之系統與功能? (A)效率與效能 (B)效率與態度 (C)態度與效能 (D)態度與模式。

( ) 9. 製造商與供應商的關係值基於以什麼導向之傳統交易型態,一旦有其他的承包商能夠提供更便宜的價格,那麼原先的承包商就會立即被取代之? (A)顧客 (B)合作 (C)競爭 (D)價格。

( ) 10.供應商與製造商之契約對交易雙方提供兩項主要好處:一為透過一套哪種制度提供保護,以避免發生問題;另一為藉由提供未來的計畫來規範彼此之間的關係? (A)政府 (B)合理 (C)地方 (D)合法。

解答:1.(B) 2.(C) 3.(D) 4.(B) 5.(A) 6.(C) 7.(C) 8.(A) 9.(D) 10.(D)

參考文獻　REFERENCES

Ajzen, I. and B. L. Driver(1991), Prediction of Participation from Behavioral, Normative and Control Beliefs An Application of the Theory of Planned Bedhavior, Leisure Sciences, 13, 185

Anderson, James C. and James A. Narus(1991), Partnering as A Focused Market Strategy, California Management Review, 33(Spring), 95-114

Andrew Hunter(2000), " Taking the R out of CRM ", Swallow information system.

Anil, Bhatia(1999), Customer Relationship Management, toolbox Portal for CRM.

Armstrong, G.and P.Kotler(2000), Maarketing An Introduction Prentice Hall New-Jersey

Arnold, H.J.(1982)Moderator Variadles A Clarification of Conceptual Analytic and Psychometric Issues, Organizational Behavior and Human Performance, 29(April)143-147

Bagozzi Richard P.(1995)Reflections on Relationship Marketing in Consumer Markets, Academy of Marketing Science.journal, 23(Fall)272-278

Barnes, J.G.(1994), Close to the customer:but is it really a relationship?', Journal of Marketing Management, 10, 561-70

Barnes, J.G..(1994)`Close to the customer : but is it really a relationship?1, Journal of Marketing Management, 10, 564-71.

Beatty, Sharon E Morris L Mayer James E Coleman Kristy E Reynolds and jungki lee(1996)Customer-Sales Associatre Retail Relationships Journal of Retailing 72(full)223-247

Berry L.L(1995)Relationship Marking of Services- Growing Interest, Emerging Perspectives Journal of the Academy of Marketing Science 23

Berry(1983)Relationship Marketing in Berry L.L Shostack G.L. and Upah, G.D. Emerging Perspectives of Services Marketing American Marketing Association Chicago IL 25-28

Berry, L.L. and Gresham, L.G.(1986), Relationship retailing; transforming customers into clients', Business Horizons, November/December, 43-7

Berry, Leonard L. and William A. Parasuraman, (1991), Marketing Services:Competing Through Quality, 1st ed. New York.: Pressima Inc.

Blois, K, J.(1999), Aframework for assessing relationship', competitive, European A cademy of Marketing Conference(EMAC), Berlin, pp.1-24.

Blois, K.J(1997), When is a relationships a relationship?', in Gemunden, HG, . Rittert, T, and Walter, A.(eds)Relationships and Networks in International Markets.Oxford;Elsevier, pp .53-64.

Boote, J.D, and presseym A, D, (1999)' Integrating relationship marketing and complaining behaviour a model of conflict and complaining behaviour within buyerseller relationshios', competitive paper, Eurpoean Academy of Marketing Conference(EMAC), Berlin.

Bradshaw, D.(1999), "Next Generation Call Centers-CTI, Voice and the Web", Ovum Pty Ltd.

Brennan, R, (1997), Buyer/supplier partnering in Vritish industry: the automotive and tlelcommunications sectous', Journal of Marketing Management, 13(8), 758-86.

Buttle, F.B.(1996)Relationship Marketing Theory and Practice.London:Paul Chapman.

Chrisopher, M., Payne, A. and Ballantyne, D.(1994)Relationship Marketing Oxford: Butterworth Heinemann.

Christopher, M, .Payne, A, and Ballantyne, D .(1991)Relationship Marketing London : Butterworth Heinemann.

Christopher, m., Payne, A. and Ballantyne, D.(1991)Relationship Marketing. London:Butterworth Heinemann.

Christopher, m., Payne, A. and Ballantyne, D.(1991)Relationship Marketing. London:Butterworth Heinemann.

Christopher, M., Payne, A.and Ballantyne, D.(1999)Relationship Marketing London:Butterworh Heinemann.

Chritopher, M.(1996), From brand values to coustomer values'.Journal of Marketing Practice, 2(1), 55-66.

Clarkson, R.M., Clarke-Hill, C.and Robinson, T.(1997)`Towards a general framework for relationship marketing; a literature review', paper presented at the Academy of Marketing Conference, Manchester, UK.

Cleveland, B., & Minnucci, J.(June 2000), "Developing The E-Enabled Call Center:A Strategic Perspective", Business Communications Review, p44-50.

Davids, M.(1999)."How to aviod the 10 Biggest Mistake in CRM", Journal of Business Strategy. November: 22-26.

Doyle, P.(1995), Marking in the new millennium', European Journal of Marketing, 29(12), 23-41.

Doyle, P.(1995)`Marketing in the new millennium', European Journal of Marketing, 29(12), 23-41.

Dweyer, F. R. P. H. Schurr and S. Oh(1987)Developing Buyer-Seller Relationshinps Journal of Marketing 51(April)11-27

Emma Chablo, (2000), "The Importance of Marketing Data Intelligence in elivering Succesful CRM", CRM-Forum.com. 。

GEA Consulting Group(1994)Grocery Distribution in the 90s; Strategies for the Fast Flow Replenishment, GEA/Coca Cola.

Gordon, I.H.(1998)Relationship marketing. Etobicoke, Ontario:John Wiley & Sons

Grayson, K. and Ambler, T.(1997), The dark side of long-term relationships in marketing', Journal of Marketing Research, 36(1), 132-41.

Gronrooos, C.(1995), Relationship marketing: the strjjategy continuum', Journal of Marketing Science, 23(4), 252-4

Gronroos, C, (2000), The relationship marketing process: interaction, communication, dialogue, value, . In 2nd WWW conference on Relationship Marketing, 15 November1999-15 February 2000, paper 2(www.mcd.cu.uk/services/conferen/nov99/rm)

Gronroos, C.(1994b), From marketing mix to relationship marketing:towards a paradigm shift in marketing', Manangement Decisions, 32(2), 5-20.

Gronroos, C.(2000)`The relationship marketing process:interaction, communicaltion, dialogue, value', 2nd WWW Conference on Relaionship Marketing, 15November 1999-15 February 2000, paper 2(www.mcb.co.uk/services/conferen/nov99/rm)

Gummesson, E.(1991)Total Relationship Marketing Management from 4ps to 30hRs. Oxford: Butterworth Heinenmann.

Gummesson, E.(1994), Making relationship marketing operatinal', International Journal of Sruvice Industry Managemaent, 5, 5-20.

Gummesson, E.(1996)Relationship Marketing:From 4ps to 30Rs.Malmo:liber Hermods.

Gummesson, E.(1999)Total Relationship Marketin: Rethinking Markting Management from 4Ps to 30Rs. Oxford:Butterworth Heinemenn.

Gummesson, E.(1999)Total Relationship Marketing:Rethinking Marketing Management from 4ps to 30Rs. Oxfored:Butterworth Heinemann.

Gummessoon, E.(1999)Total Relationship Marketing; Rethinking Marketing Management from 4ps to 30Rs. Oxford: Butterworth Heinenmann.

Hakansson, H. and sneahota, I(1989), No business is an island: the network concept of business strategy', Scandinavian Journal of Management, 4(3), 187-200.

Hunt, H.k.(1997)`CS/D-overview and future research direction', in Hunt, H.K.(ed.)Conceptualisation and Measurement of Customer Satisfaction and Dissatisfaction. Cambridge, MA:Marketing Science Institute.

Hunt, S.D. and Morgan, R.M(1994)`Relationship Marketing in the era of network competition', Journal of Marketing Management, 5(5), 18-28.

Hunt, S.D.and Morgan, R.M.(1994), Relationship marking in the era of network competition', Journal of Marketing Management, 5(5)18-28.

Jackson, Neeli and Leonard L Berry(1997)Customers Motivations for Maintaining Relationships With Service Provideers, Journal of Retailing 73

John Egan 原著，方世榮譯(2005)，《關係行銷》，五南出版社。

Kalakota, Ravi and Marcia Robinson(1999). E-Business: Roadmap for Success, 1st ed., U.S.A.: Mary T. O'Brien.

Kotler, P.(1992)`Total marketing'in Business Week, Advance Executive Briefno.2.

Kotler, Philip, (1997), Marketing Management: Analysis, Planning, Implementation, and Control, 9th ed., New Jersey: David Borkowsky.

Millman, A.F.(1993)`The emerging concept of relationship marketing', in Proceedings of the 9th Annual IMP Conference, Bath, 23-25 September.Marketing Educaion Group(MEG)Conference, University of Strathclyde, UK.

Moller, K. and Halinen, A.(2000), Relationship marketing theory; its roots and direction', Journal of Marketing Management, 16, 29-54

Moller, K. and Halinen, A.(2000)"Relationship marketing theory: its roots and direction", Journal of Marketing management, 16, 29-54

Moorman, C., Zaltman, G and Deshpande, R(1992), Relations between providers and users of market research. The dyamice of trust within and between organisations', Journal of marketing Research, 29, 314-28.

Naude, P, and Holland, C.(1996), Business-to-business marking', in Buttle, F.(ed.)Relationship Marketing Theory and Practice . London: Paul Chapman.

O'Toole, T.&Donaldson, W.(2000), Relationship governace sturtures and performace', Journal of Marketing Management, 16, 327-41.

Palmer, A.J(1996), Relationship marketing : a universal paradigm or management fad?', The Learning Organisation, 3(3), 18-25.

Palmer, A.J.(2000), Co-operation and competition :a Darwinian synthesis of relationship marketing', Europation Journal of Marking, 34(5/6), 687-704.

Peck, H.(1996)`Towards a frameword for relationship marketing:the six markets model revisited and revised',

Phan, M.C.T, Styles, C, W.and Patterson, P.G.(1999), An empirical examination of the turst development process linking firm and personal characteristice in an in ternational setting', European Academy of Marketing Conference(EMAC), Berlin.

Reichheld, F.F.(1996)The Loyalty Effect:The Hidden Force Behind Growth, Profits and lasting Value. Boston, MA:Harvard Bussiness School Press.

Ronald S. Swift, (2001.), "Accelerating Customer Relationship, " Prentice Hall, Upper saddle River, New Jersy.

Sheth, J, N. and Parvetiyar, A.(1995), The evolution of relationship marki\eting', International Business Review, 4(4), 397418.

Sheth, J.N.and sisodia, R.S.(1999), Revisiting marketing's lawlike generalizations', Journal of the Academy of Marketing Sciences, 17(1), 71-87

Smith, P.R.(1998)Marketing Communications;An Integrated Approach, 2nd edn. London:Kogan Page.

Stoubacka, K., Strandvik, T, and Gronroos, C.(1994), Managing customer relations for profit:the dynamice of relationship quality', International Journal of Service Industry Management, 5, 21-38.

Strandvik, T.and Storbacka, K.(1996), Managing relationship quality', in Edvardsson, B., Brown, S.w., Johnston, R. and Scheuing, E.E.(eds)Advancing Service Quality:A Global Perspective.New York:ISQA, pp67-76.

Telemarketing & Call Center Solutions, (May 1998), "Ten Steps To Shape Your Call Center Strategy", p88-92.

TMCnet.com, Next-Generation Call Centers, http://www.TMCnet.com/, Oct 1999

TruePoint offers, (1999), "Building a Call Center:A BusinessModel", Executive Journal, May/June, p4-11.

Uncles, M.(1994)`Do you or your customer need loyalty scheme?', Journal of Targeting, Measurement and Analysis, 2(4), 335-50.

Webster Jr, F.E.(1992), The changing role of marketing in the corporation', Jorunal of Marketing, 56(October), 1-17.

Customer Relationship Management:
Create Relationship Value

電子商務行銷—
建立顧客資料庫

10.1　以行銷看待顧客資料庫

為了能確保顧客資料的完整性、正確性，企業必須透過有系統、有效率的管理方法，進行顧客的基本分析、推廣規劃，進而至日常的消費驗證、清整作業與長期持續的服務品質管理計畫，並彙整完整的顧客資料庫供行銷人員分析應用，多數企業在完整作業過程中，會發覺蒐集顧客資料所遇到的問題與資料管理應用的重要性。

顧客資料管理有許多不同的作法與定義，以行銷應用的觀點來說，大致的概念是將各式不同來源或系統的顧客資料，經由完整程序，確立顧客資料的正確性與完整性，並且整合各來源重要的顧客資訊，建立一個整合顧客各面向資訊的顧客資料庫，以利後續各種行銷應用。

10.2　資料庫行銷

資料庫行銷的功能包括顧客價值的分析與顧客未來交易的預測等，因此，顧客分群是資料庫行銷中最基本的一環，其目的是要將顧客分成不同群體，讓每一群體具有內部同質性與外部異質性，其意味著同一群顧客的消費行為特徵會趨向一致，並且迴異於其他群體之特徵。

10.3　資料倉儲的規劃與建置的方式

資料倉儲的規劃與建置的方式，將決定營運效益。因此，企業可依其需求選擇最適的架構方式。

一、分散式的架構

稱為獨立式的資料超市(Independent Data Marts)，或稱為部門級的資料倉儲(Departmental Data Warehouses)。

資料超市是企業級資料倉儲的子集，建置的目的是為了企業中個別的部門或單位。與企業級資料倉儲不同的是，資料超市通常只為了特定的決策支援應用程式或使用群組，通常是由下到上(bottom up)利用部門的資源來建置，資料超市通常只有特定主題的彙總或詳細資料，而資料超市中的資料可以是企業級資料倉儲的一個子集（獨立的資料超市）或可能直接使用來自運作中的資料來源。無論是資料倉儲或資料超市，其組成與維護的程序是相同的，使用的技術元件也都類似。

　　資料超市雖然建置較為容易，卻無法達成企業對資訊有一致性的觀點，特定的資料超市僅可滿足特定使用者族群的應用。當有跨資料超市的應用時，必須再經由一次的資料轉換作業。

二、集中式的架構

　　稱為企業級的資料倉儲(Enterprise Data Warehouse)，企業級的資料倉儲所包含的是全集團的資訊，這些資訊是為了整體的資料分析而整合至多個運作系統的資料來源；一般而言是經數個主題領域所組成，例如：客戶端、產品端、業務端等，可用於戰術(Tactical)與策略(Strategic)上的決策支援。企業級資料倉儲的資訊包括即時的詳細資訊，也有彙總的資訊，其建置與管理往往非常昂貴且耗時；建立的方法通常是從上到下(Top Down)，由統籌的資訊服務單位主導。

　　建置資料倉儲，在規劃時必須包含整體的架構，而實際建置時是採由小而大逐步漸進的方式，先建置最重要的主題，而後慢慢的延伸下去。

10.4 ● 資料庫探勘法則

　　「資料探勘」技術通常會依據所要探勘的內容來劃分，不同的需求使用不同的技術來探勘，下列為比較常用的法則：

一、關聯法則(Association)

　　關聯法則通常是在一堆很難透過人或傳統的統計方式直接發現其中規則的資料中，找尋潛在的關聯性；透過關聯法則可以探勘出不同事物之間是否存在著某種程度的關聯；因而，關聯法則的考量範圍包括所有物件，可以決定哪些相關物件應該聚集在一起。關聯分組在客戶行銷應用上用來確認交叉銷售(Cross Selling)的機會，可以設計出吸引顧客的產品群組，如超市中將相關的物品（義大利麵、肉醬等）放在同一展示區之內。

二、序列法則(Sequence)

　　這個部分和關聯法則相似，都是在處理資料關聯性的問題，而序列法則基本上是強調在時間順序的因素上，亦即其所運用的範圍大多屬時間相關的規則；如顧客對於選擇餐廳的喜好順序是否存在某種程度的規則，從這些規則中將可以對顧客進行品牌喜好與價格偏好的推薦。

三、預測法則(Prediction)

預測法則通常利用某些已知資料去預測未知的結果。如某知名餐飲集團在顧客 APP（Application，應用程式）的管理上，可以利用已知的顧客過去訂餐資料和大部分顧客的消費習慣，去預測在新品牌或新產品上市後，其主要的消費群會是哪些，進而提供店長預測所需要採購食品的數量，以達到顧客管理的效益和安全庫存作業。換言之，預測法則是根據對象屬性的過去觀察值來預測該屬性未來值。預測經常使用的技巧包括迴歸分析、類神經網路等方法。

四、分類法則(Classification)

分類法則是運用對資料已知的屬性，通常是明顯的特徵或是由過去的經驗來做資料的分類，推導出資料中是否存在某些規則，進而可以用來對新的資料做出所屬相似類別的預測。如在「顧客關係管理」是依據分析對象的屬性進行分類，並建立群組，如將顧客忠誠度的屬性區分為高度忠誠度者、中度忠誠度者以及低度忠誠度者。常用到的方法有類神經網路、決策樹等。

決策樹是一棵語意樹(Semantic Tree)，它與一般的資料結構中的樹狀圖一樣有節點與樹葉，每一個節點都被安排一個適當的測試，然後利用該測試結果決定資料並將再利用此一節點的哪一棵子樹作為分類的條件繼續做決策，最後透過節點中的測試達到問題分析的目的。

五、群集法則(Clustering)

群集法則是用來產生聚集分類的效果，其和分類法則有同樣的目的，但是過程是完全相反的；分類是透過已知的屬性分類方法去分類，而群集則是當無法找出明顯的屬性可以用來分類時，則利用物以類似的概念，讓資料產生聚集的效果，把相似的資料聚集在一起；通常是透過電腦做資料分群，再依分群之後的結果做資料分析、解釋。常用的方法有 K-means、K-medoids、階層式演算法、Agglomeration 等。

10.5　資料庫探勘行銷

資料庫探勘行銷是一個以資料庫為基礎，探索資料庫中資料所潛藏的訊息以支援行銷活動或行銷決策的程序。資料庫探勘行銷會成為未來行銷的基礎，企業必須掌握顧客的消費喜好和購物特性，使得以適時提供合適或個人化服務。

一、群集分析演算法

群集分析演算法是資料探勘的方法之一，是將所有資料根據其屬性值區分成數個群集(Cluster)，採同一群集內部的資料具有較高的相似度、而不同群集的資料則具有較低相似度，從而推論出每一個群集的主要特徵。

二、K-means 演算法

K-means 演算法是一種被廣為採用的方法，Forgy(1965)提出 K-means 演算法假設每一筆資料有 n 個屬性，則每一筆記錄可視為 n 度空間中的一點，這些點可被分成 K 個群集，在各個群集中，令每一群資料點的平均值為中心點。

分群的目的在使每一資料點距離其所屬群集之中心點的距離最小，距離其他群集之中心點的距離較大，並且每一個資料點只能隸屬於一個群集，故群集之間不相連也不重疊。

K-means 的群集步驟包括：

1. 決定要產生的叢聚數目 K。
2. 任意選擇 K 個叢聚中心點。
3. 將所有資料點分配到距離最短的中心點。
4. 計算新的叢聚中心點（運用 Euclidean Distance）。
5. 重複 3.與 4.的步驟，直到所有叢聚內的記錄點不再改變。

三、期望最大化

期望最大化(Expectation Maximization, EM)亦是有效的分群方式，採用機率的評估以決定資料點隸屬於每一個叢聚的比率，藉以進行分群。EM 演算法是根據平均值與標準差，會對每一種維度建立鐘形曲線(Bell Curve)，資料點落在鐘形曲線內，EM 就會給予此資料點隸屬於這個叢聚的機率。

四、顧客序列

顧客序列是根據交易時間對每一位顧客的所有交易進行排序，所得到的結果就是一個序列。一個序列 s 的支持度被定義為：「包含 s 的顧客序列總數，占全部顧客總數的比例」。若 s 序列滿足使用者設定的最小支持度，則稱之為「大型序列」。大型序列 s 若不被包含在其他大型序列中，則它被稱為「最大序列」，每一個最大序列所代表的是一個序列型樣。

10.6 資料庫行銷流程

　　顧客資料管理是長期持續的工作，採用最合適的資訊工具，結合完善的顧客資料品質管理計畫，並需要企業的決心與各部門的支持，尤其需要行銷和資訊部門的良好配合，才能獲取完整正確且對行銷有意義的顧客資料，發揮顧客資料管理最大的效益。

　　資料採礦(Data Mining)是指找尋隱藏在資料中的訊息，如趨勢(Trend)、特徵(Pattern)及相關性(Relationship)的過程，也就是從資料中發掘資訊或知識，稱為「資料考古學」(Data Archaeology)、「資料樣型分析」(Data Pattern Analysis)或「功能相依分析」(Functional Dependency Analysis)，目前已被許多研究人員視為結合資料庫系統與機器學習技術的重要領域

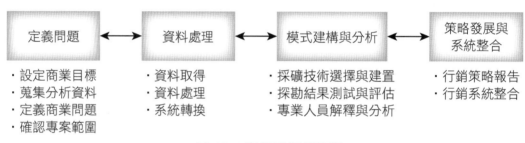

▲圖 10-1 資料庫行銷流程

一、定義問題

1. **設定事業目標**：此階段多數會由企業策略的進行延伸，以戰略營運為操作考量。

2. **蒐集分析資料**：從公開二級或經分析後的三級資訊進行蒐集，避免單一資料來源影響企業主管判斷失誤。

3. **定義事業問題**：這是最困難的，因多數企業主經常無法正確找到問題，或不願意正視問題，因此要正確定義問題即要完整業界資訊狀況，藉此來協助企業尋找內部問題。

4. **確認專案範圍**：確認事業問題後，部門即需制定專案範圍，以免無法改善企業問題，反而增加事業經營風險。

二、資料處理

正確定義問題後，即需要處理顧客資料的來源以利於後續行銷應用，資料倉儲是具有主題導向(Subject-Oriented)、整合性(Integrated)、長期性(Time-Invariant)與少變性(Nonvolatile)的資料群組，是經過處理整合且容量特別大的關聯式資料庫，用以儲存決策支援系統(Design Support System)所需的資料，供決策支援或資料分析使用。

多元資料來源	資料欄位	利於行銷應用
顧客基本資料	姓名、電話、e-mail、公司名稱…	確保與顧客最基本的溝通方式可正確傳達
顧客購買與保固紀錄	過去購買紀錄、保固卡資料	分析顧客長期貢獻價值
顧客的問卷資料	姓名、電話、e-mail，單位名稱對產品、服務的規劃意見	了解顧客對新產品的意見、購買需求、推薦理由等
客服資料	產品使用的意見反應、整體滿意度	從顧客抱怨的資料尋找流失顧客的風險，並擬定找回顧客的補救行銷方案

不同的資料來源，實務上可能會有重複的資料，取得的資料格式也不一定相同，因此透過此階段的資料分析，定義出需要的資料欄位與規劃資料庫架構。

1. **資料取得**：企業會運用許多行銷管道蒐集顧客資料，資料快速累積會有重複與不完整的顧客資料產生。

2. **資料處理**：此階段須經由檢視比對、合併重複資料、清除不完整的顧客資料，避免資料重複、不完整的無效資料庫。

3. **系統轉換**：完整資料轉換多數會導入顧客管理軟體（系統），選擇一套最合適的可提高操作效率。

三、模式建構與分析

1. 採礦技術選擇與建置

許多研究人員視此為結合資料庫系統與機器學習技術的重要領域，許多業界人士認為此領域是增加企業潛能重要指標。一般而言，資料採礦(Data Mining)功能可包含下列五項功能：(1)分類(Classification)；(2)推估(Estimation)；(3)預測(Prediction)；(4)關聯分組(Affinity Grouping)；(5)同質分組(Clustering)。

建置資料倉儲，在規劃時必須包含整體的架構，而實際建置時是採由小而大逐步漸進的方式，先建置最重要的主題，而後慢慢的延伸下去。企業初期會採用簡單的型態，以資料集市(Data Mart)形式存在，在資料量與分析需求增加後會擴展為資料倉儲(Enterprise Data Warehouse)，當考慮系統的回應時間及資料應用分析的習慣時，便會建立一個完整型態(Full Scale)。

2. 探勘結果測試與評估

　　資料倉儲應先行建立完成，資料採礦才能有效率的進行，因為資料倉儲本身所含資料是不會有錯誤資料摻雜其中、完備且經過整合的。資料採礦是從巨大資料倉儲中找出有用資訊的一種過程與技術。

3. 專業人員解釋與分析

　　資料採礦指收集和顧客有關的資料作分析，並把原始資料轉換成商機。從顧客關係管理整體架構而言，資料採礦是其核心精神，亦是構成商業智商的基礎。完整的資料採礦不僅可以做到準確的目標市場行銷，當分析的工具及技術成熟時，加上資料倉儲(Data Warehousing)提供大量儲存顧客資料能力，能讓資料採礦作到大量客製化(Mass Customization)，進而達到準確對顧客進行行銷操作，更可完成客制化一對一行銷。

四、策略發展與系統整合

1. 行銷策略報告

　　對顧客充分的了解才能有效的和顧客建立關係，進而有效建構行銷策略，協助營業單位創造商品價值、服務價值。資料採礦是 CRM 中商業智商(Business Intelligence)的基礎，透過資料採礦，有效的提供行銷、銷售、服務的決策考量，促使第一線作業人員可以得到充分的資訊來行動，落實達到在適當的時間、地點，提供顧客適量的產品及服務，提高整體作業的效率，建構完整行銷策略報告。

2. 行銷系統整合

　　企業在導入客戶關係管理時，內部應先誠實地進行過去行銷操作的全面體檢，了解自身的優勢與缺點，貼近顧客、傾聽其真正的聲音，確實了解所有與顧客互動的管道，開始規劃整體的 CRM 架構。CRM 架構中最重要的是客戶互動資料庫的建立與全面顧客關係管理的態度，在建立完整的系統後，便可整合企業所有資源，開始將資料庫豐富化，並利用資料庫與客戶互動，進而透過分析工具和資料擷取，得到更有價值的企業營運資訊，在營運的過程中，適度地將資訊回饋至客戶互動資料庫，成為一個良性的循環。

10.7 資料庫行銷策略之發展流程

　　蘇中信等人(2013)「以顧客價值為基礎之資料庫行銷架構」建議資料庫行銷策略的整體程序如下圖。

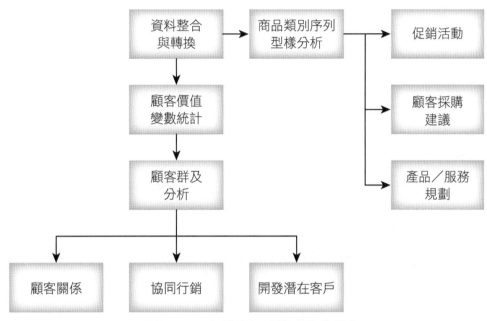

▲圖 10-2　資料庫行銷策略整體程序

一、資料整合與轉換

　　依資料探勘的目的，從交易系統中匯出需要的欄位資料。為求探勘結果的正確與效率，原始資料的前置處理是不可輕忽的；同時因應研究的需求，衍生欄位的建立，更容易增加隱藏資訊的發現。

二、顧客價值變數統計

　　從顧客交易資料，計算每位顧客的顧客價值，以作為顧客分群的基準。

三、顧客群集分析

　　使用顧客分群技術以了解各群集特徵與消費行為，發展多種行銷策略，將合適的商品與服務推薦給有意願與需要的顧客，降低行銷成本並建立顧客對企業的信賴。

四、顧客關係

紅利積點在多種商業活動中，是維繫顧客再度光臨的方式之一；此外，提供顧客需要的相關資訊，在時間等於金錢的現代社會中，是很好的附加價值服務。「紅利積點」與「提供相關資訊」這兩種利器的使用，端視顧客的消費頻率與金額而定。

五、開發潛在顧客

得知顧客的特質與消費行為後，即可以交叉行銷方式，開拓其他資料庫中的潛在顧客。

六、協同行銷

積極尋找合作伙伴，增加產品與服務的廣度，吸引更多商機。

七、商品類別序列型樣分析

對於大量產品，建立商品類別之間被採購的關聯與次序，有助於商品行銷策略的規劃。

八、促銷活動

不同型態商品依顧客需求，進行行銷組合。例如：本期雜誌焦點為「資訊安全」，則銷售期間對於相關書籍加強介紹或進行促銷，或是針對顧客目前所購買的產品項目，預測未來可能需要的關聯產品項目。

九、顧客採購建議

將「商品類別序列型樣分析」的結果，整合至線上交易系統中，將此分析結果作為顧客採購建議之依據，使建購之商品種類範圍縮小，以增加銷售機會。

十、產品／服務規劃

依據資料探勘分析結果，機動調整經營的方向與產品服務的內容，以滿足顧客需求。

習題 EXERCISE

( ) 1. 資料倉儲的規劃與建置的方式，將決定何種效益。因此，企業可依其需求選擇最適的架構方式？ (A)成本 (B)經濟 (C)營運 (D)品管。

( ) 2. 「資料探勘」技術通常會依據所要探勘的什麼來劃分，不同的需求使用不同的技術來探勘？ (A)規則 (B)知識 (C)模型 (D)內容。

( ) 3. 關聯法則通常是在一堆很難透過人或傳統的統計方式直接發現其中規則的資料中，找尋潛在的什麼，透過關聯法則可以探勘出不同事物之間是否存在著某種程度的關聯？ (A)關聯性 (B)必要性 (C)獨特性 (D)安全性。

( ) 4. 分類法則是運用對資料已知的屬性，推導出資料中是否存在某些「項目」，進而可以用來對新的資料做出所屬相似類別的預測，此處「項目」指的是：(A)關聯 (B)規則 (C)知識 (D)效能。

( ) 5. 資料庫探勘行銷是一個以資料庫為基礎，探索資料庫中資料所潛藏的什麼以支援行銷活動或行銷決策的程序？ (A)訊息 (B)規則 (C)內容 (D)知識。

( ) 6. 期望最大化(Expectation Maximization, EM)亦是有效的分群方式，採用何者的評估以決定資料點隸屬於每一個叢聚的比率，藉以進行分群？ (A)訊息 (B)內容 (C)規則 (D)機率。

( ) 7. 顧客序列是根據何者對每一位顧客的所有交易進行排序，所得到的結果就是一個序列？ (A)交易金額 (B)交易項目 (C)交易序號 (D)交易時間。

( ) 8. 使用哪種技術以了解各群集特徵與消費行為，發展多種行銷策略，將合適的商品與服務推薦給有意願與需要的顧客，降低行銷成本並建立顧客對企業的信賴？ (A)顧客分流 (B)顧客分群 (C)產品分群 (D)品牌分群。

( ) 9. 對於大量產品，建立商品類別之間被採購的哪兩個項目，有助於商品行銷策略的規劃？ (A)關聯與次序 (B)技術與效能 (C)關聯與效能 (D)次序與效能。

( ) 10. 何種管理是長期持續的工作，採用最合適的資訊工具，結合完善的顧客資料品質管理計畫，並需要企業的決心與各部門的支持？ (A)顧客資料 (B)品牌口碑 (C)網路評價 (D)顧客忠誠度。

解答：1.(C)　2.(D)　3.(A)　4.(B)　5.(A)　6.(D)　7.(D)　8.(B)　9.(A)　10.(A)

參考文獻　REFERENCES

蘇中信、劉俞志、劉蕙(2013)，〈以顧客價值為基礎之資料庫行銷架構〉，資訊管理學報，第二十卷，第三期，頁 341-366。

Amit, Rand Zott, C., "Value Creationin E-Business," Strategic Management Journal 22(2001), pp493-520.

Cabena, Petal, Discovering Data Mining: From Concept to Implementation(Englewood Cliffs, NJ: Prentice Hall, 1998).

Combe, C, "The Management of E-Commerce Strategies for Sustaining Competitive Advantage in the Online Bookselling Industry: The Case of Amazon.com.," International Journal of e-Business Strategy Management (November/December, 2002), pp.153-165.

DATA FLUX Corporation: Customer Data Integration-Creating One True View of the Customer.

Fayyad, U.M., "Data Miningand Knowledge Discovery: Making Senseout of Data," IEEEExpert11:5(1996), pp.20-25.

Rayport, JandSviokla, J., "Exploiting the Virtual Value Chain," Harvard Business Review 73:6(1995), pp75-85.

White Paper of Siebel: Siebel Universal Customer Master(2003), As Seenonthe MIT Information Quality Website: Customer-Centric Information Quality Management.

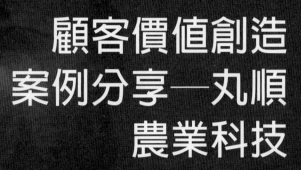

顧客價值創造
案例分享—丸順
農業科技

11.1 · 價值創造

在現今競爭加劇的市場上，顧客滿意已成為企業保持競爭力的重要關鍵。能有效掌握顧客的企業，方能在市場中占有一席之地。而良好的顧客服務，則成為企業與競爭對手之間最佳的差異化特色。

有效的顧客關係管理在對外部分，可增加顧客獲取與利潤創造的機會，同時可針對各個顧客的需求設計行銷活動，以獲得較高的投資報酬率，並可在適當的時間提供正確的產品資訊給適合的顧客。在對內部分，良好的系統建置可改善各個部門間行銷相關活動的運作關係、改善產品週期，同時減少業務與服務的成本，提升營運效率。

11.2 · 顧客關係管理的競爭優勢

整體而言，顧客關係管理的運用，將使得企業對市場應變能力有大幅的提升。在企業導入顧客關係管理後，所能帶來的競爭優勢主要可分為下列三項。

一、提升忠誠度

利用資訊技術保有顧客資料，可維持與既有顧客的關係，避免發生以往寶貴的資料隨著銷售人員離職而流失的情況。藉由客服中心良好的服務解決顧客問題，以主動銷售與提升銷售等行銷方式的交互運用下，有效提高顧客的忠誠度，增加重複購買的機會。

二、增加營業額

企業欲開發新的顧客關係，經由資料的分析確實了解市場需要，方能研擬最適合的行銷策略，有效掌握顧客需求，以提高銷售成績。此外，藉由對既有顧客的了解，持續性的改善產品與服務特性，才能真正的提高顧客滿意度，進而發揮最大的銷售效益，以達到增加營業額之目的。

三、精簡成本

顧客關係管理包含了資訊技術與顧客關係流程的整合，透過資訊分享可使效率提升，達到節省成本的目的。同時，擬訂較佳的操作策略，也可減少行銷方案錯誤或產品上市銷售不佳所帶來更重大損失。

11.3 顧客獲取部分

顧客獲取的來源可分為：

1. **現有顧客購買資料**：在顧客同意下並符合個資法規，將顧客對產品或服務的購買記錄、登記的基本資料、購買週期、購買習性、付款方式進行合法資料取得。

2. **行銷活動資料**：企業從事各類行銷活動所建立的檔案，包括顧客反應、顧客的喜好。

3. **顧客調查資料**：企業本身或透過市調公司針對特定商品或服務所做的調查活動，從活動中所合法蒐集的顧客資料分析。

4. **市場反應資料**：企業透過內部的客服中心與顧客互動資料、業務（銷售）人員直接與顧客接觸經驗、通路商所反應之顧客的資訊。

11.4 行銷活動規劃

行銷活動規劃主要的重點就在於掌握顧客，透過市場區隔了解特定的客群，提供特定的行銷方案、行銷規劃、行銷活動管理、行銷效益分析，以及顧客終身價值之分析等，幫助企業找到最容易產生行銷效益的顧客群。

一、市場區隔界定

市場區隔(Market Segmentation)的概念，其定義為將市場上某方面需求相似的顧客或群體歸類在一起，建立許多小市場，使這些小市場之間存在某些顯著不同的傾向，以便使行銷人員能更有效地滿足不同市場（顧客）不同的慾望或需要，因而強化行銷組合的市場適應力。

二、顧客購買行為

顧客購買行為意指購買產品或享用服務者的決策過程與行動，顧客購買行為是指人們購買和使用產品或服務時所相關的決策行為。

購買行為有兩種涵義，狹義的顧客購買行為是指為了獲得和使用經濟性商品和服務，個人所直接投入的行為，其中包含導致及決定這些行為的決策過程；而廣義的購買行為除了顧客消費行為之外還有非營利組織、工業組織及各種中間商的採購行為。

利用 5W+1H 描繪出顧客購買行為輪廓：

1. 為什麼買(Why)

探討顧客為什麼買，進而充分掌握顧客的購買動機，然後將之轉換成適當的產品利益，以激發顧客採取購買的動機。

2. 誰買(Who)

誰買包括兩個角度，誰是我們主要顧客及誰參與了購買決策。

3. 何時買(When)

此一問題包括在什麼時候購買、何時消費、多久買一次以及一次買多少等。

4. 在何處買(Where)

顧客購買或消費地點，也會影響顧客對於產品的看法，因為他會認定某項產品只在某些地方購買或消費。

5. 買什麼品牌(What)

在選擇過程中涉及到顧客用以判定品牌優劣的評估標準，一般稱之為購買考慮因素。

6. 如何買(How)

當顧客決定要購買產品時，通常都希望以最簡單，最便利的方法來取得產品。

在市場區隔的分析結果形成之後，決策人員應以區隔分析及顧客購買行為為基礎，訂出目標市場進行規劃行銷策略，用不同的產品和通路滿足顧客的個別需求，持續地跟不同區隔的顧客溝通，以增加顧客的利潤貢獻，並持續進行反覆測試，隨著顧客消費行為而修改產品或服務策略。

11.5 行銷活動管理系統

行銷管理系統指的是幫助正在尋找資訊的客戶做購買決定，例如：被動式行銷、提供個人化內容、讓顧客更容易找到自己有興趣的產品及服務、推薦功能提供顧客購買時的建議、個人化電子郵件行銷及網路行銷。運用科技進行顧客區隔，提供服務顧客人員能即時存取的資料庫，提供市場行銷人員可由多重角度來進行市場分析，提供市場行銷人員訂定行銷活動、促銷計畫及相關收集資訊之應對模式範本、工作流程，相關文件資料提供相關管理及分析作業，追蹤各市場行銷活動之成

效。藉由分析結果開發訂定行銷活動及促銷計畫，並追蹤及分析各市場行銷活動之成效，做為未來決定其他行銷活動和促銷計畫之參考。

一、資料庫行銷（大數據行銷）

資料庫行銷乃是一個動態資料庫系統的管理，該資料庫包含了有關顧客、詢問者、潛在顧客的廣泛性、即時性和相關性資料，並應用上述資料找出對產品最有可能產生回應的顧客和潛在顧客，以達成發展高品質且長期性關係的目的。資料庫行銷關鍵乃在於資訊系統的發展提升了資料庫的威力，使行銷人員可以做到過去所做不到的事。

資料庫行銷乃是應用統計分析和模式技術將個體層次的資料加以資訊化。資料庫行銷意指對目標顧客和潛在顧客採取長期且有計畫的個別溝通，以促使他們再次購買相關產品和服務。

二、資料庫行銷涵蓋之工作

1. 行銷資料庫的建立。

2. 對目標客戶的溝通與接觸。

3. 促銷活動反應的測定與資料庫的更新。

4. 對資料加以分析並應用於行銷管理決策。

所有資料庫行銷的活動目的是希望能夠取悅顧客並建立品質忠誠度，使其願意再度購買相關產品和服務。

三、關係行銷

關係行銷的概念為建立關鍵服務、個別顧客的客製化關係、額外利潤、價格服務激勵顧客忠誠度及員工行銷訓練等五個關係行銷策略，這部分已於第 2 章說明。

11.6 顧客開發

接待客戶時不論是潛在顧客或是現有顧客，詳細且正確的核對客戶基本資料，以利日後對客戶追蹤服務時能做有效的管理，以達事半功倍之效。

一、顧客資料蒐尋

企業需先針對目標市場中可能成為顧客的客戶加以蒐尋與聯絡，而後進行拜訪工作並設法吸引成為購買者。

二、潛在顧客開發

在顧客關係管理的架構中，企業在潛在顧客的開發工作必須透過一連串對市場、產品與顧客面的多方評估。

三、現有顧客滲透

企業開發一個新客戶的成本是維持一個原有顧客的數倍。因此如何掌握企業現有顧客的特性，並加以維持滲透，即成為公司在創造利潤時重要的任務之一。因此除了設計策略以吸引新顧客和創造與新顧客的交易外，今日的企業（品牌）必須積極保有目前的顧客，並同時與之建立長久的顧客關係。

11.7 銷售活動管理系統

銷售活動管理系統，是指提供業務人員在銷售過程中所需的管理機制及智庫，可即時、有效地掌握銷售個案相關資料、銷售案之重要變更、稽核記錄，有效的提供稽催管理等作業要求，進行銷售個案追蹤、溝通，分析提高銷售個案之成功率，縮短銷售期間，提供更確切之產品及專案服務以應客戶所需，進而提高企業整體生產力及競爭力，形成正向循環。

一、促銷活動規劃

完整的資料模組，詳細記載每一銷售階段的重要訊息。銷售過程包括對潛在銷售案的了解與評估、進行中銷售案的掌握與追蹤，以及結案後對每一銷售案的分析與檢討。

二、銷售人員訓練

銷售人員是企業面對顧客的第一線窗口，對於銷售人員的教育訓練成果，往往會直接影響顧客對產品的認知與企業的形象，對於企業業績的提升也是正面的。

11.8 顧客服務部分

建構有效的顧客服務系統，提高顧客滿意度，進而創造企業的永續成長與獲利，為今日企業經營的新課題。CTI 為 Call Center 整合資料庫與 Internet 技術為結合電腦的快速運算、大量的資料儲存及網路普遍性等特性所開發出來的系統，藉由需求管理、顧客經驗智識累積，提供多重服務管道供顧客選擇，並提升顧客自我服務效益，提供客戶快速便捷的服務並藉此提升顧客的滿意度。

一、顧客滿意調查

開發一位新顧客的成本，是保留一位舊顧客的數倍，顧客滿意度與銷售量提升有絕對的正向關係。為強化顧客滿意度，依據顧客之重要性，提供不同優先順序之差異化服務，並提供將顧客服務需求或抱怨記錄之機制，以利追蹤處理過程。同時，依需要主動讓顧客了解企業所提供的服務，內部需定期檢討服務需求所使用之資源，以了解提供顧客之服務資源是否合理，是否需針對顧客之重要性調整服務資源。

二、銷售前服務

顧客購買的服務在購買開始前就已經發生，對企業而言，無論針對現有顧客或是潛在的顧客，了解顧客的興趣和潛在消費行為將有助市場需求的探詢、產品的設計發展以及與顧客互動關係的建立。

三、銷售中服務

在購買現場的服務，可以說是企業與顧客最直接的互動機會。在第一時間給予顧客快速回應是建立顧客滿意度最佳方式。

四、銷售後服務

在銷售後服務部分，包括：1.售後維修服務、2.客訴管理、3.售後調查與追蹤。良好的售後服務不僅可以減少顧客對產品的不滿，更進一步留住顧客、增加顧客忠誠度，促成重複購買的機會。而對顧客售後的調查與追蹤，則可作為下次銷售前服務分析之用，同時可幫助企業管理決策的修正與改進。

11.9 · 服務事件管理系統

服務流程主要處理銷售後的問題，包括服務請求管理、抱怨管理、服務記錄管理。電子服務是為顧客解答疑問，一般是在網站上設置 FAQ，應用到的技術為創作軟體(Authoring Software)與文件修正引擎(Text Retrieval Engine)；如果顧客的問題無法透過 FAQ 解決，就可以透過問題解決軟體來解決。

一、顧客資料回饋

將顧客有用的資訊提供給企業內部相關單位分享，幫助企業更深入了解自己的顧客，並能據此提供差異化的服務。

二、客服人員服務

透過經驗及知識累積，提升服務人員的能力。客服中心是企業對外資訊的聯繫管道，以利銷售人員及客服人員提供更有效、精確、即時的資訊給顧客，並協助企業制訂維持客戶忠誠度的行銷策略，因此，客服中心可以說是一對一行銷及資料庫行銷的經營基礎。

三、客服中心行銷支援

服務管理第一重點需有一個完整的服務流程，當顧客有問題時可以確保服務的品質，然後要有多重的服務管道，重點在主動式的服務，讓顧客感受到服務的價值，而自助式（主動式）的行銷支援平臺服務可以提高顧客的參與，服務資源有效的分析與統計，集合成一個智識庫，能將過去對顧客服務的經驗累積。

11.10 · 顧客分析

企業在顧客關係管理中，也需要辨認哪些顧客是有潛力的顧客，哪些顧客有機會升級成最有價值的顧客，或是哪些有價值的顧客可能會流失掉。如何在龐大的顧客資料中分析、找到有成為價值顧客潛力的標的，以及早點發現即將流失的顧客，至關緊要。

11.11 · 顧客知識管理

資料倉儲系統為 CRM 的核心，存在著以顧客資料為基礎的企業智慧庫，它可以全方位記錄客戶資料，系統化偵測客戶重大事件，在整體客戶群中確認個別客戶

的價值或發現鞏固客戶的機會，同時在有限的溝通管道上排定優先順序，利用有限資源找出最具潛力的客戶。

一、交易資料

顧客購買產品或取得服務時，企業可以藉此機會與顧客互動並取得顧客的基本資訊，藉此企業會更容易與顧客建立關係，取得的顧客資訊也利於建置顧客資料庫。

二、顧客忠誠度

由於開發新顧客的成本遠高於舊顧客保留所需的成本，而且忠誠度是金錢買不到的，所以企業是否成功的一個重要指標即為顧客的維持率，當顧客忠誠度越高，顧客的維持率也越高。

1. **顧客保持度**：調查消費者成為顧客時間的時間是否變長，成為顧客的時間越長，就表示擁有較高的顧客忠誠度。

2. **顧客保持比率**：以某個時期作為基準，來衡量該時間基準中購買次數達到一定程度之上的顧客。因為採購次數越高的顧客，就是忠誠度越高的顧客。

3. **顧客占有率**：針對特定的消費者類型，如果顧客使用特定公司服務或產品比率越高時，則表示有較高的顧客占有率和顧客忠誠度。

三、重複購買率

高市場占有率並不代表客戶忠誠，因為有太多其他因素可能導致高市場占有率，而可能該公司流失舊有客戶卻吸引許多新客戶，還保持其高市場占有率。而只有忠誠的客戶才是主動支持該公司產品和服務的人，其態度包含再次購買或購買該公司其他產品的意圖、向他人推薦的意願和對競爭對手的免疫力。

11.12 顧客資料分析系統

價值會隨著時間而改變，所以企業必須不斷設法去了解促成購買的起因、顧客使用的過程以及顧客使用此產品所欲達到的最終目標，從中找出自身產品可讓顧客再購買的價值，並藉由資訊科技的協助來了解顧客想要的、記住顧客想要的、預測顧客想要的以及和顧客一起開發他們想要的。

11.13 顧客利潤率分析

調查導入顧客關係管理後，顧客的利潤貢獻度是否有上升。可以依據價值的不同，將顧客大致區分為三類：

一、最具價值的顧客

這類顧客是企業主要的訴求對象，一旦流失，將會對企業獲利造成明顯的影響。

二、最具潛力的顧客

這類顧客是指企業對其採取主動的行銷攻擊，就可以增加雙方的交易往來。

三、不具開發價值的顧客

這類顧客的特色是能對企業帶來的獲利，遠不及企業為其提供產品或服務所付出的成本。

11.14 顧客價值分析

所謂「顧客價值」，強調的即收益與成本是終生不斷的延續，而非只是特定交易的利潤。分析軟體也能有效協助企業尋找出關鍵客戶，並藉由交叉分析以及主動促銷將每位顧客的價值發揮到極致。顧客終身價值，其試算的基礎是從顧客的再購率、持續購買率，從過去經驗的累積可以了解到一位顧客有了第一次的合作關係之後，其可能會持續採購的機率有多高？而從顧客的持續購買率，加上過去平均購買的次數和金額，可以了解到該顧客第一年、第二年會產生多少價值…到往後會產生多少價值，整體來講就是終身價值。

綜合而言，顧客關係管理之範圍涉及甚廣，包括電子化服務、電話服務中心、資料採礦等均屬顧客關係管理之一環，而 CRM 主要目標仍在於即時滿足客戶需求、提高客戶滿意度、與客戶建立長期良好的關係及增加營業利潤。但是，隨著資料倉儲與資料挖掘等知識管理技術的應用，客戶關係規劃漸漸成為 CRM 的核心。如何透過顧客分析找出客戶的消費行為、忠誠度、潛在消費群與主要關鍵客戶，進而利用促銷管理針對不同市場區隔規劃行銷活動，以達到建立品牌知名度、改變購買行為或維持客戶忠誠度等目的，是企業對 CRM 的期許。

CRM 之詳細內容與流程整合詳如圖 11-1。

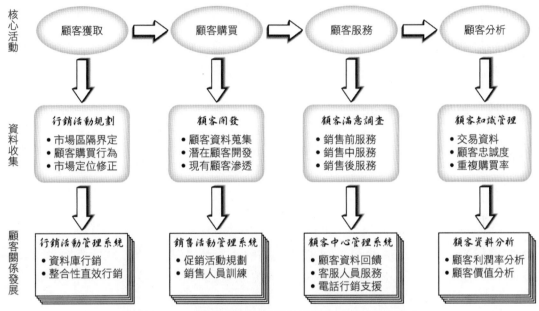

核心活動

顧客獲取 → 顧客購買 → 顧客服務 → 顧客分析

資料收集

行銷活動規劃
• 市場區隔界定
• 顧客購買行為
• 市場定位修正

顧客開發
• 顧客資料蒐集
• 潛在顧客開發
• 現有顧客滲透

顧客滿意調查
• 銷售前服務
• 銷售中服務
• 銷售後服務

顧客知識管理
• 交易資料
• 顧客忠誠度
• 重複購買率

顧客關係發展

行銷活動管理系統
• 資料庫行銷
• 整合性直效行銷

銷售活動管理系統
• 促銷活動規劃
• 銷售人員訓練

顧客中心管理系統
• 顧客資料回饋
• 客服人員服務
• 電話行銷支援

顧客資料分析
• 顧客利潤率分析
• 顧客價值分析

▲圖 11-1　顧客關係管理的詳細內容與流程整合

11.15 顧客價值創造建構企業價值網絡

　　臺灣暢銷書《藍海策略》，建議企業勿再陷入以價格為競爭的紅海競爭策略中，企業應進行價值曲線圖，分析各產業之價值創造及降低成本之關鍵因素與策略圖像，由此進入創新市場的藍海價值創新市場。對於影響顧客價值之關鍵因素，應加以提升及創造；對於影響企業成本的關鍵因素應加以降低及消除。

　　從價值網絡的觀點而言，藍海策略係應用顧客價值創新為主軸；建議企業由現有的競爭程度的價值網絡，跳躍到另一個競爭極低的創新價值網絡。但是新的價值網絡起初均是以合作為基礎，資源能力需進行互補才能創造較大的價值網絡與顧客價值。在創新的價值網絡中，每一個企業均可在其個別的核心能力上以較低的成本創造較高的顧客價值。

　　價值網絡管理觀念可從三個面向進行探討：

1. 企業是為顧客創造價值而存在。

2. 企業的價值創造能力之提升，必須結合產業既有的網絡。

3. 網路資訊科技應用，可提升企業在產業網絡的地位及價值創造能力。

　　價值網絡依其層次可分為產業網絡（網絡成員均等，無中心企業）、企業網絡（以焦點企業的核心之網絡），以及各功能別之網絡（行銷業務網絡、生產製造採購網絡、技術研發創新網絡、人力資源網絡、財務金融網絡）。分析焦點企業之核心能力必須針對各功能別之價值網絡分析其價值創造能力，進而克服組織慣性的障礙，建構出該企業最有創造能力的企業價值網絡系統。

11.16　價值網絡管理

　　價值網絡管理的程序可以下列步驟分析之：

一、尋找

　　首先找尋現有的企業所存在的網絡中之網絡成員（供應商、顧客、員工、銀行、研發單位、行銷服務公司、同業支援廠商、股東、董監事、其他利害關係之成員），分析企業本身核心能力，各成員之資源能力及與該成員之合作競爭關係。

二、分析

　　分析現有價值網絡之價值及成本所在（有哪些關鍵因素影響企業之顧客價值創造及降低成本），找出提高顧客價值之重要因素加以提升及創造；去除不具有顧客價值之因素以降低成本。

三、創造

　　進入新的價值創造思維，以較低的成本提供顧客較高的價值；也可能進入全新的價值網絡，也進入了全無競爭的新藍海市場。

11.17　價值網絡之開發

　　價值網絡之開發成為企業在微利時代的嶄新策略選擇。其管理意涵包括：

1. 開發及應用既有的核心能力進入新的價值網絡系統。

2. 企業在該系統可以較低的成本創造出較高的顧客價值。

3. 新的價值網絡是嶄新的藍海，脫離既有的價值網絡之紅海競爭。

4. 與新價值網絡的夥伴採取網絡合作而非競爭。

5. 因為價值網絡本身的活動及關係為合作而非競爭，才可以發揮網絡的整體競爭力。

6. 企業單打獨鬥以價格為取向之競爭已無法讓企業生存。

7. 經由創新研發進入新的價值網絡系統，並與網絡成員合作共同創造顧客價值，才可能以較低的成本提供顧客較大的價值。

11.18 價值網絡特性

1. 顧客為先。

2. 相互合作和系統化。

3. 敏捷並具有變通性。

4. 極速流程。

5. 數位傳輸。

　　顧客的選擇引發了價值網絡中的採購、生產和運送活動。特定的顧客區隔藉由客製化的服務，取得客製化的解決方案。由顧客指揮價值網，他們不再是供應鏈輸出的被動接受者。

　　在創造價值關係的獨特網路中，企業必須與供應商、顧客甚至是競爭對手一起合作。依不同活動，指派能力最佳的夥伴執行。營運活動的重要部分則委託專業供應商，透過相互合作與系統性的溝通及資訊管理，整體網路便能毫無瑕疵地運作。

　　透過彈性的生產、配銷和資訊流設計，確保價值網絡可以迅速回應需求改變、新產品順利上市、企業快速成長或是重新設計供應商網路。如此可減少或去除傳統企業加諸的限制，減少所需營運資金、大幅縮短流程時間和步驟，有時候甚至可以去除傳統供應鏈的所有編制。價值網絡中的一切事物，不管是實體或虛擬，都具有變通性。

　　訂單至交貨的作業週期時間變快，也被壓縮。運送流程速度加快，而且更為可靠與便利。也就是說，廠商能準時把訂購的產品／服務送交顧客的工廠、辦公室或住家。在這種狀況下，不再以「週」或「月」做為計算單位，而是用「小時」或「天數」來計算。同時，這也意謂著企業庫存可因量減少。

藉由企業電子化，讓顧客、生產者與供應商間的活動協調配合。價值網絡之所以形成，一方面是因為企業電子化的改造，另一方面是因為客戶的轉變。因為環境的改變，使得現今的客戶了解到自己握有引導價值鏈方向的能力，並重新改造價值鏈，使其更有效率地的符合他們的要求。客戶很靈活的掌握全球的局勢，他們要求也被同樣的對待。但客戶並不是凝聚性的團體，他們來自四面八方，各有不同的規模、年紀、各種不同的背景，所以他們有形形色色的品味以及喜好。

　　價值網絡是新服務商品、新經營模式、新行銷模式或新商業應用技術之開發，其水準超越目前同業所提供之水準。

11.19 價值網絡演化

1. 後臺作業導向：注重流程管理以達到功能上的改善。

　　這個階段的運作重點在資料取向及內部流程整合，並不涉及外部協調，而網路則是以企業內部網路為主。

2. 市場導向：強調後勤整合以及客戶管理以達到業績成長。

　　這個階段運作的重點在資訊取向、內部流程協調以及分享非策略性交易資訊。在網路方面，則是注重企業間網際網路的發展。

3. 價值導向：注重客戶夥伴關係及策略性供應商夥伴關係。

　　這個階段運作的重點在知識取向、注重協同作業、客戶與供應商兩端關係的維持、認可整個供應鏈整合所帶來的效益。在網路方面，則是注重網際網路的發展。

▲ 圖 11-2　四海遊龍導入悠遊卡消費方式，便利顧客消費體驗，並透過合作系統創造企業價值網絡

資料來源：四海遊龍提供

　　總之，如今企業經營管理的新典範，已是進入價值網絡管理的階段，企業首先必須認清自己所處的價值，網絡系統及其在該合作系統的地位與價值創造所在，然後結合企業本身的核心能力進行網路定位的策略分析，以提供自己最大的價值創造能力，最後運用最新而低成本的資訊網路科技結合既有的產業網絡系統，建構出自己的企業價值網絡，由此獲得價值並創造企業生存與發展之利基。

▶▶▶ 丸順農業科技－用代工服務精神打造出臺灣南瓜界的 No.1

　　講到南瓜，營養師都會豎起大拇指說這是一個好食材，營養價值非常高，不僅維生素 A 含量居國內瓜類蔬菜之首！從果皮、果肉到南瓜籽都有不同的營養價值：果肉中有豐富膳食纖維、維生素 A、B 群、C、E 等及多種礦物質和微量元素；南瓜籽則富含脂肪、蛋白質、維生素 E 等，含有較高的微量元素鋅，歐美地區常用來預防攝護腺肥大，還可榨成南瓜籽油。

　　南瓜不僅內涵豐富，「顏值高」也使它成為餐桌上的明星，不僅金黃色的南瓜果肉顏色飽和鮮豔，非常討喜，南瓜本身帶有香甜滋味，不用過多的調味就很好吃，也經常用來做成醬料享用，無論是當成料理的主角或是配角，都可以找到合適的角色定位。由於，南瓜富含胡蘿蔔素、維生素、礦物質及膳食纖維的特色，是許多追求健康蔬食者熱愛的瓜果。

　　這樣 CP 值高的瓜果，要能在餐桌上有多元的運用呈現，必須從生產端的南瓜品種種植、到加工端的南瓜產品開發，牢牢掌握市場消費需求，並進行客製化的供應。丸順農業科技就是一個專注在南瓜農產品供應鏈進行客製化服務的農企業。

　　丸順農業科技負責人廖偉順因自小看著家中長輩務農耳濡目染，加上大學與研究所時期，都在園藝領域中學習研究，於是開始省思產業的未來。他根據自己學校所學所聞，認為栗子南瓜頗具發展潛力，在民國 106 年成立丸順農產行，並進一步於民國 108 年成立丸順農業科技有限公司。

▲圖 11-3　丸順農業科技負責人廖偉順與其種植的各式南瓜

丸順農業科技主要以南瓜為主題,目標為整合南瓜產銷模式,從南瓜的種植、截切、加工到餐飲,採取一條龍式的生產與管理,可以因應客戶的需求進行契作。生產的南瓜品種以栗子南瓜及木瓜型南瓜為主,除販售生鮮品,亦積極開發南瓜截切及加工產品。

　　丸順目前種植栗子南瓜面積超過 200 公頃,包含自有農地及契作田地,所有南瓜幼苗均由丸順自行育苗提供給契作戶種植。由於契作戶北至桃園,南至屏東,因此需依各地氣候提供適合的栽植品種給契作農戶,並教育契作農民栽種。

　　廖偉順曾經前往日本及韓國考察,發現當地消費者對於栗子南瓜的食用非常廣泛。栗子南瓜果形雖然較小,但非常符合都會小家庭的食用需求,也適合多數人及年齡層食用,特別是他看到韓國有非常多樣的南瓜相關加工產品,對於南瓜粉及南瓜汁深感興趣。回到臺灣,雖然市場上目前對於栗子南瓜還相對陌生,但臺灣社會發展趨勢與日、韓類似,對於栗子南瓜的需求應該也會成長,很有潛力,因此返國後就思考以栗子南瓜進行產品開發。

● **採收前** Before harvest

| 優良品種篩選 | 專業田間栽培管理技術 | 金黃稻梗栽培床
土壤鬆軟根系擴張 | 最適熟度採收 |

● **採收後** After harvest

| 修短果蒂
減少碰撞 | 半自動分級
篩選等級 | 靜置封藏
提升風味 | 冷藏冰存
全年供貨 | 出貨前滾刷機
清除果表粉塵 |

▲圖 11-4　丸順農業農作生產

在農業部科技司「科技農企業全球經營能量領航前導計畫」輔導下，廖偉順以先少量打樣，試驗栗子南瓜初階加工品，並以此試驗市場反應，進行修正，以利未來能大量生產。

廖偉順的策略，從提高生產能量、生產品質、取得相關認證等方面著手，提高企業營運能量。其推動作法包括：一、建置田間生產 SOP 及品質規格表；二、建立加工品原料標準：檢視不適合用於生鮮上架用的栗子南瓜，有效利用等外品，避免庫存過多或浪費；三、輔導加工品打樣：尋求農業部農產品加值打樣中心協助，打樣初階加工品，為未來放大生產量及生產多樣栗子南瓜加工產打基礎；四、協助進行 HACCP 認證及 ISO 22000 認證，協助員工接受相關訓練課程及規劃廠房。

丸順為了管理不同地區的栗子南瓜田間契作戶，建立統一的生產標準流程，應用於各個地區之契作戶，並設立田間生產品質及通路收貨允收標準，建立栗子南瓜收穫品質規格表，做為丸順驗收契作農民生產的栗子南瓜，收貨進倉的標準。

在質化效益方面，建立田間生產 SOP，有利丸順公司管理契作農民生產的南瓜品質。建置驗收品質規格表，可使驗收標準透明化，並可藉以督促農民生產優良南瓜。此舉建立加工品原料標準，可有效利用栗子南瓜庫存品以及格外品，可以減少浪費，也可管理加工品原料品質。

廖偉順家中的農場，是從太祖父時代傳承下來的祖地，數十年來都是從事瓜果與蔬菜的專業生產，對於家族事業有傳承的使命。猶如晶圓代工龍頭臺積電經營代工服務業的客製化供應模式，廖偉順做為瓜果蔬菜的生產、加工與供應商，也自我期許作為蔬果供應界的臺積電。因此丸順挑選的栗子南瓜品種，特別選用日本認證的，並且有第三方驗證把關，將栗子南瓜口感鬆綿的特性，發揮到淋漓盡致。

因為能夠將南瓜因應不同客戶的需求進行供應，因此丸順的生鮮南瓜主要銷往各大賣場連鎖超市通路，如大潤發、喜互惠、無印良品、楓康、健康食彩等。截切南瓜則供應連鎖餐廳、團膳業者、食品廠或電商平臺，如王品、欣葉、2202 樂活火鍋、義美食品、無毒農、悠活農村、統一數網、誠品、i 郵購及宅配一般消費者。

而南瓜格外品部分，則在場內低溫作業室進行削皮、去籽等流程後做成截切產品，如去皮去籽南瓜、帶皮去籽南瓜、南瓜片等，銷售南瓜半成品原料給餐廳或食品廠蔬果供應商，如華膳空廚、長榮空廚、王品、金色三麥、北灣食品等做進一步加工。

因此，丸順能夠被形容為臺灣南瓜界的臺積電，一點都不為過。從生產端來看，他們具有專業南瓜生產團隊，區域遍布北、中、南、東部，全年穩定生產，品種多元，且持續新品種開發試種；從供應客戶端來看，除了供應超級市場，也遍及餐飲業、食品廠及空廚；創新研發的部分，丸順除了積極開發南瓜加工產品，也參與農業改良場蔬菜工作，特別是針對南瓜。

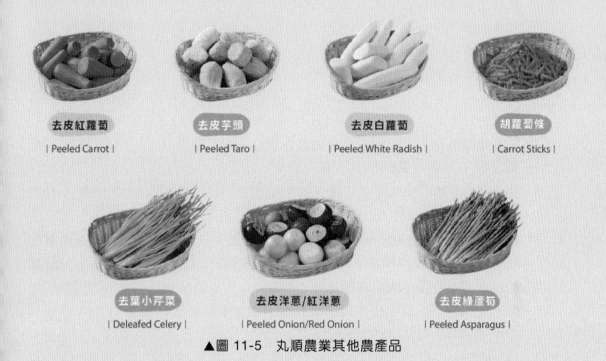

| 去皮紅蘿蔔 | 去皮芋頭 | 去皮白蘿蔔 | 胡蘿蔔條 |
| Peeled Carrot | | Peeled Taro | | Peeled White Radish | | Carrot Sticks |

| 去葉小芹菜 | 去皮洋蔥/紅洋蔥 | 去皮綠蘆筍 |
| Deleafed Celery | | Peeled Onion/Red Onion | | Peeled Asparagus |

▲圖 11-5　丸順農業其他農產品

　　透過加強前端自種比率、田間管理技術及與農民間的合作，丸順得以控制成本提高利潤、穩固貨源及品質，並透過截切及加工產品開發，符合消費者的需求並提高產品價值。從最前端的契作管理、田間技術升級、分級包裝、截切生產、加工產品研發到品牌經營及行銷推廣及通路拓展等部分，丸順皆積極經營開發，在整個南瓜產業鏈做到無可替代的角色，穩站臺灣蔬果供應的臺積電角色。

習題 EXERCISE

( ) 1. 南瓜富含維生素、礦物質、膳食纖維以及什麼的特色，是許多追求健康蔬食者熱愛的瓜果？　(A)胺基酸　(B)蛋白質　(C)澱粉質　(D)胡蘿蔔素。

( ) 2. 能有效掌握顧客的企業，方能在市場中占有一席之地，而良好的什麼則成為企業與競爭對手之間最佳的差異化特色？　(A)顧客服務　(B)顧客忠誠　(C)品牌口碑　(D)網路評價。

( ) 3. 開發一位新顧客的成本，是保留一位舊顧客的數倍，什麼與銷售量提升有絕對的正向關係？　(A)顧客忠誠度　(B)顧客滿意度　(C)顧客服務　(D)網路評價。

( ) 4. 在哪裡的服務，可以說是企業與顧客最直接的互動機會？　(A)網路　(B)購買現場　(C)顧客家裡　(D)企業 VIP 室。

( ) 5. 在何時給予顧客快速回應是建立顧客滿意度最佳方式？　(A)10 天後　(B)購買現場　(C)第一時間　(D)一個月後。

( ) 6. 銷售後服務部分包括：售後維修服務、售後調查、追蹤與什麼？　(A)客訴管理　(B)技術培訓　(C)登門服務　(D)產品介紹。

( ) 7. 藉由客服中心良好的服務解決顧客問題，以主動銷售與提升銷售等行銷方式的交互運用下，有效提高顧客的什麼，增加重複購買的機會？　(A)滿意度　(B)評價　(C)喜好　(D)忠誠度。

( ) 8. 資料庫行銷關鍵乃在於何種系統的發展提升了資料庫的威力，使行銷人員可以做到過去所做不到的事？　(A)成本　(B)效率　(C)效能　(D)資訊。

( ) 9. 所謂的什麼，強調的即收益與成本是終生不斷的延續，而非只是特定交易的利潤？　(A)顧客價值　(B)顧客滿意度　(C)顧客忠誠度　(D)品牌口碑。

( ) 10. 價值網絡依其層次可分為產業網絡（網絡成員均等，無中心企業）、以焦點企業的核心之網絡，以及各功能別之網絡（行銷業務網絡、生產製造採購網絡、技術研發創新網絡、人力資源網絡、財務金融網絡），其中以焦點企業的核心之網絡又稱為：　(A)品牌網絡　(B)企業網絡　(C)網際網絡　(D)服務網絡。

解答：1.(D)　2.(A)　3.(B)　4.(B)　5.(C)　6.(A)　7.(D)　8.(D)　9.(A)　10.(B)

參考文獻 　REFERENCES

金偉燦、莫伯尼、黃秀媛(2005)，《藍海策略》，臺北市：天下文化。

黃秀媛(2005)，《藍海策略－開創無人競爭的全新市場》，臺北市：天下文化。

黃淑姿、李冠穎、許英傑(2010)，〈行動加值服務價值創造對行為意圖影響之研究〉，《電子商務學報》，12(1), 41-71.

楊燕枝、吳思華(2005)，〈文化創意產業的價值創造形塑之初探〉，《行銷評論》，2(3), 313-338.

簡志瑋、林成宏、陳仁義(2010)，《資訊科技服務與價值創造論文集》。

Chiang, W. Y. K., Chhajed, D., & Hess, J. D.(2003). Direct marketing, indirect profits: A strategic analysis of dual-channel supply-chain design. Management science, 49(1), 1-20.

Katzenstein, H.(1992). Direct marketing. Macmillan Publishing Company.

Ling, C. X., & Li, C.(1998, August). Data Mining for Direct Marketing: Problems and Solutions. In KDD(Vol. 98, pp. 73-79).

Mehta, R., & Sivadas, E.(1995). Direct marketing on the Internet: An empirical assessment of consumer attitudes. Journal of Direct Marketing, 9(3), 21-32.

Milne, G. R., & Boza, M. E.(1999). Trust and concern in consumers' perceptions of marketing information management practices. Journal of interactive Marketing, 13(1), 5-24.

Roberts, M. L., & Berger, P. D.(1999). Direct marketing management. Prentice Hall International(UK).

Stone, B., & Jacobs, R.(1988). Successful direct marketing methods. Lincolnwood, IL: NTC Business Books.

Customer Relationship Management:
Create Relationship Value

顧客抱怨處理

12.1 顧客抱怨反應

「顧客抱怨行為」(Customer Complaint Behavior, CCB)，可將其定義為「顧客感覺不滿意之後的情緒或情感(Feelings or Emotions)所引起的顧客反應」。

目前諸多服務業為節省人事成本大量採用年輕的工讀生或兼職人員，對服務品質或專業程度未對顧客抱怨處理投入諸多教育訓練與各項防備成本，在產業競爭的商業環境中，顧客對服務品質因有所比較而產生更多對企業服務層次的期待，而未達到預期水準或期盼落差更是造成顧客抱怨的因素之一。

12.2 對客戶抱怨應有的態度

服務的提供與消費是同時發生，其有不可分割的特性，在顧客多樣性與服務多變性的情況下，現場工作人員在與顧客的接觸互動中，難免會有服務失誤發生，此將造成顧客負面的反應，如果企業透過服務補救挽回失誤的情形，將會使得顧客更滿意或包涵該企業，如果補救措施執行不利時，將更容易導致顧客的不滿意。因此在服務失誤發生時，需立即對失誤的部分加以補救，讓顧客感到滿意，以增加與其未來的長期互動關係。

因此，有下列重點應試圖掌握：

1. **感同身受的心態**：在顧客提出抱怨前應承受極不舒服的心情與困擾，因此面對顧客所述之感受，應採取相同心境來看待，自然比較能體諒顧客重複訴說不滿意的當下感受。

2. **真誠面對負責**：諸多抱怨並無法判斷對錯，如果能藉由顧客抱怨中找到企業的疏失，真誠面對顧客不滿意之處，相信對顧客而言應能緩和當下不滿情緒，對抱怨可能延伸的事端即有了正向轉機。

3. **感恩報謝作為**：顧客多數反應或抱怨的資訊都是為了讓整個服務過程或產品品質表現符合預期，可能企業受限成本、人員教育訓練、場域等無法達到完美呈現，在顧客無法取得企業操作困難前，除真誠告知這為企業努力達到之目標外，也能在可控制營運成本內，提供額外有感覺的服務提升或意見回饋贈品，如在顧客資料許可使用下，可由單位主管之名寄出感謝卡。

12.3 顧客抱怨之型態

一、過程時點

顧客對零售業者的抱怨依發生時點的先後劃分為：售前的銷售系統、售中的購買系統、售後的消費系統。

對開放賣場在購買系統中的顧客滿意起因細分成八項：店員、店鋪環境、商品政策、服務定位、商品／服務、常客、價值／價格關聯性、特別折扣。

二、人員責任

人員服務失誤，分成以下十五項分類：服務政策失誤、延遲服務、價格錯誤、包裝錯誤、產品缺陷、缺貨、錯誤服務、維修失誤、員工反應不佳、錯誤承認、記帳錯誤、服務態度不佳、未反應、窘境、欺騙。

三、服務機能

服務機能型態細分成六項：一般態度、禮貌性、習性與外表、銷售技巧、關聯性商品的知識、店員的耐性。

12.4 顧客抱怨處理之方法

服務補救策略是處理顧客抱怨最適宜的處理方式，有六種不同的策略參考，從其策略中可見，處理服務補救是不能吝於節省成本的，因為服務補救是企業請求顧客再給一次服務的機會。

表 12-1 服務補救策略優缺點比較

方法	意義	優點	缺點
被動補救	對顧客之抱怨依個案處理	容易實施費用低	不可信的 突發的
有系統回應	有制度的反應顧客抱怨	提供一可靠的制度來回應失誤	可能不合時宜
早期預警	對失敗的預警先採行動	降低服務失敗對顧客的衝擊	分析與監視服務傳遞的過程非常昂貴
零缺點	消除服務傳遞系統中可能的失誤	消除服務失敗	太困難，因為服務傳遞的變異性大

表 12-1　服務補救策略優缺點比較（續）

方法	意義	優點	缺點
逆向操作	有意的失誤以展示服務補救的能力	增強顧客忠誠度	沒考慮到服務失敗對顧客之衝擊
正向證明	對於競爭者的失敗採取反應	獲得新顧客	競爭者服務失敗的資訊不易取得

資料來源：Kelly, Scott W., and Mary A. Davis(1994)

12.5　顧客抱怨處理之應對

Conlon and Murray 對顧客補救方式的研究中，將顧客抱怨方式限定在「解釋」的方式上，並將解釋細分成六種方式，探討不同的顧客抱怨補救方式對於顧客滿意度與再購率是否存在顯著影響。六種解釋方式包括：

1. 道歉。

2. 證明正當。

3. 找理由。

4. 避免發生。

5. 道歉並加以證明正當。

6. 公司需要更多的資訊才能處理。

12.6　顧客抱怨處理避免之辭令

當顧客對服務過程或商品提供感到不滿意時，資深人員可能有經驗臆測顧客抱怨關鍵點，直接提供解決方案，但大多數服務業從業人員並無專業經驗，面對正處抱怨高點的顧客無法理性溝通的狀況，經常造成原抱怨事件失焦，延伸到服務態度或品牌文化的攻擊，因此，顧客第一時間的抱怨處理態度與用詞更顯重要。

因顧客抱怨處理過程最不適採用制式說詞表達，在傾聽抱怨後更不宜回應：「這是公司規定」、「不可能…」、「沒有人這樣的…」、「喜歡就買，不高興就算了…」、「我們不可能這樣的…」、「這不是我們的問題…」、「請留下資料我請公司處理…」、「這是基本的概念，大家都知道…」。因此，第一線人員如果非有客戶抱怨經驗，應不宜代表企業回應客訴，以避免延伸更大客訴效果，應由主管互動回應，第一線人員在旁學習應對技巧並協助記錄重點。

12.7 與顧客應對之關鍵點

當顧客透過任何管道反應服務不佳、產品不適用、品質品管未達標準、價格偏高等抱怨，即可顯示企業在資訊提供或銷售、服務提供等有說明未清楚或顧客未明白理解之處，因此，針對不同時段需有重要關鍵回應。

1. **取得抱怨資訊**：此階段應採用耐心的態度，真誠積極的聽取顧客所抱怨的資訊。

2. **訪查顧客不滿意的關鍵點**：在顧客抱怨陳述過程中，會多次針對特定環結陳述表達，整理陳述關鍵點，讓顧客確認我們明瞭異議之處。

3. **確認發生原因點**：確認抱怨關鍵點後，經研判後找出原因，理性說明原委與發生造成的狀況，對原因點立即處理或改善（承諾），如事關諸多層面，在取得同意延後處理查詢再確認，以求取有效解決的方案。

4. **追蹤處理後續**：尋找到合適解決方案後，理性向顧客誠心說明，並向其表達致謝之意，為避免影響其他顧客感受，應尋找安靜之辦公室或場域進行，如透過電話或文字回覆，亦應將字詞重複確認再回應。

12.8 顧客抱怨處理之前的內部改善

上列各項說明都以發生事件後之處理說明，當企業接觸顧客抱怨後，如無專業訓練人員或無正式編制客服部門的企業，大多直覺將問題回推到顧客個人行為，也因此第一時間就無法與顧客持續就事件對話下去，所以為妥善處理客訴或抱怨，就成為目前企業競爭差異中能否為顧客滿意之重點。

從企業應對顧客抱怨就可明瞭該企業主管的管理能力，進而檢視企業是否建構一套顧客抱怨處理規範，並由統一單位控管與安排各項專業訓練課程，就目前臺灣多數企業都有導入 ISO 系統進行自主管理，其中規章即有要求客訴處理作業辦法，但再次強調表單僅是協助顧客客訴的內部記錄與改善要求，顧客並不會在意企業這些表單作業方式。

因此有些處理原則即需從平時企業文化進行導入，簡要說明如下：

1. 管理單位應明確建構企業營業方針、營業政策、企業目標。

2. 企業營業方針、營業政策、企業目標需透過各項會議、文件等可傳播之管道傳遞給所有同仁，讓同仁配合企業對外需展現之印象，並可經由主管互動過程明確檢視基層同仁是否明瞭。

3. 將過去客訴與抱怨進行整理，編列案例或教案提供過去回應改善之經驗。

12.9 ⋅ 顧客抱怨處理之禁忌

顧客抱怨處理需要考量第一線人員溝通用詞、說話語調、互動眼神、肢體動作等，而選擇處理顧客抱怨的場域亦是客訴能否消弭的重要因素，因此有下列需注意項目：

一、第一線工作人員應有之態度

作業項目	不宜呈現之態度	建議應保持之態度
受理過程	表情不悅、急於完成制式化填表、語氣急促	適切微笑、先傾聽後填表單、語調平穩
面對問題	急於解釋說明、與顧客搶話	安靜傾聽
回應問題	用專業術語回應、用指正顧客的方式溝通	用感同身受的立場（角度）來說明事件後續（改善、追蹤、回報、補償）

二、接續客訴案件主管態度

作業項目	不宜呈現之態度	建議應保持之態度
狀況掌握	指責內部人員處理不利、懷疑顧客故意製造困擾	藉案例教導工作人員專業能力，從第一線人員片段資料整理事件
第二次回應	第一線客服人員已取得的問題重複詢問顧客，讓顧客再次述說會引起顧客不悅，覺得未重視他的反應	將顧客反應重點與期待精簡確認，不宜讓顧客因此連繫互動延伸另一客訴案件
後續處理	向顧客告知還要再進行申請或請示主管（重大案件除外），強迫顧客接受單一改善	掌握重點與客訴可改善範圍進行改善承諾與回饋

顧客抱怨的範圍很大，無論如何都應尊重顧客反應的意見，但近年來因服務業以「顧客永遠是對的！」造成部分顧客無上限的要求、期盼、責備，因此有一派服務業的聲音對特定要求過高服務水準的顧客，表達期盼顧客尊重專業、考量合理服務品質與合適產品價格。

習題 EXERCISE

( )1. 「顧客抱怨行為」(Customer Complaint Behavior, CCB)，可將其定義為「顧客感覺不滿意之後的什麼所引起的顧客反應」？ (A)感想 (B)情緒或情感 (C)心態 (D)言語。

( )2. 在服務失誤發生時，需立即對失誤的部分加以何種處理，讓顧客感到滿意，以增加與其未來的長期互動關係？ (A)幫助 (B)反應 (C)補救 (D)改正。

( )3. 在顧客提出抱怨前應承受極不舒服的心情與困擾，因此面對顧客所述之感受，應採取相同的什麼來看待，自然比較能體諒顧客重複訴說不滿意的當下感受？ (A)立場 (B)角度 (C)態度 (D)心境。

( )4. 顧客對零售業者的抱怨依發生時點的先後劃分為：售前的銷售系統、□□與售後的消費系統，此處□□指的是： (A)售中的銷售系統 (B)售中的消費系統 (C)售中的處理系統 (D)售中的購買系統。

( )5. 對開放賣場在購買系統中的顧客滿意起因細分成八項：店員、店鋪環境、商品政策、○○、商品／服務、常客、價值／價格關聯性、特別折扣，此處○○指的是： (A)服務定位 (B)客訴管理 (C)登門服務 (D)技術培訓。

( )6. 人員服務失誤，分成以下十五項分類：服務政策失誤、延遲服務、價格錯誤、包裝錯誤、產品缺陷、缺貨、錯誤服務、維修失誤、員工反應不佳、錯誤承認、記帳錯誤、★★、未反應、窘境、欺騙，此處★★指的是： (A)未掛標示名牌 (B)無法確實回答客戶問題 (C)服務態度不佳 (D)上班時間處理私事。

( )7. 服務機能型態細分成六項：一般態度、禮貌性、習性與外表、關聯性商品的知識、店員的耐性，請問還有哪一項？ (A)說話語調 (B)銷售技巧 (C)產品試用 (D)眼神互動。

( )8. 顧客抱怨處理需要考量第一線人員溝通用詞、說話語調、互動眼神、肢體動作等，而選擇處理顧客抱怨的□□亦是客訴能否消弭的重要因素，此處□□指的是： (A)時間 (B)場域 (C)人員 (D)過程。

( )9. 在顧客抱怨陳述過程中，會多次針對特定環結陳述表達，最重要的是哪項關鍵點，讓顧客確認我們明瞭異議之處？ (A)處理態度 (B)眼神互動 (C)整理陳述 (D)說話語調。

( )10. 服務補救策略是處理顧客抱怨最適宜的處理方式，從其策略中可見，處理何種項目是不能吝於節省成本的，因為這是是企業請求顧客再給一次服務的機會？ (A)服務態度 (B)銷售技巧 (C)整理陳述 (D)服務補救。

解答：1.(B) 2.(C) 3.(D) 4.(D) 5.(A) 6.(C) 7.(B) 8.(B) 9.(C) 10.(D)

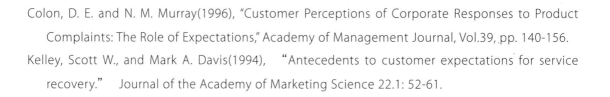

參考文獻　REFERENCES

Colon, D. E. and N. M. Murray(1996), "Customer Perceptions of Corporate Responses to Product Complaints: The Role of Expectations," Academy of Management Journal, Vol.39, pp. 140-156.

Kelley, Scott W., and Mark A. Davis(1994), "Antecedents to customer expectations for service recovery." Journal of the Academy of Marketing Science 22.1: 52-61.

Customer Relationship Management:
Create Relationship Value

Customer Relationship Management:
Create Relationship Value

Customer Relationship Management:
Create Relationship Value

國家圖書館出版品預行編目資料

顧客關係管理：創造關係價值/楊浩偉, 蔡清德, 胡政源
編著.-- 三版.-- 新北市：新文京開發出版股份有限
公司, 2024.01
　　面；　公分

ISBN　978-986-430-998-6（平裝）

1.CST：顧客關係管理

496.7　　　　　　　　　　　　　　　　112022423

顧客關係管理：
創造關係價值（第三版）　　　　　（書號：H201e3）

編　著　者	楊浩偉　蔡清德　胡政源	
出　版　者	新文京開發出版股份有限公司	
地　　　址	新北市中和區中山路二段 362 號 9 樓	
電　　　話	(02) 2244-8188（代表號）	
Ｆ　Ａ　Ｘ	(02) 2244-8189	
郵　　　撥	1958730-2	
初　　　版	西元 2016 年 02 月 01 日	
二　　　版	西元 2020 年 09 月 10 日	
三　　　版	西元 2024 年 01 月 20 日	

New Wun Ching Developmental Publishing Co., Ltd.

New Age · New Choice · The Best Selected Educational Publications — NEW WCDP

新文京開發出版股份有限公司

NEW WCDP

新世紀 · 新視野 · 新文京 — 精選教科書 · 考試用書 · 專業參考書